高等院校高素质技术技能型人才培养
系列教材

电气控制技术及应用

主　编　万东梅

副主编　郑家辉　霍俊仪

编　写　靳会超　史振江　刘旭东

　　　　韩晓雷　李德雄

中国电力出版社
CHINA ELECTRIC POWER PRESS

内 容 提 要

　　本书为河北省精品资源共享课程"电气控制系统开发训练"的配套教材,是在
总结多年职业教育教学改革的基础上,根据电气及自动化类专业毕业生就业所需的
电气控制技术与技能编写而成的。主要内容分为学习篇、训练篇与系统篇。在学习
篇内安排了两个项目,其中项目 1 为电气控制系统中常用低压电器,详细介绍了常
用低压电器的原理、结构及选用方法;项目 2 为电动机基本控制线路,讲解了电动
机起动、正反转、调速和制动等环节的控制思路与实现方法。训练篇设计了
CW6163 型普通车床、玉米粉碎机、打包秤电气控制柜设计与制作三个"教、学、
做"一体教学项目。系统篇在制作完成的打包秤电气控制柜基础上,分别采用计算
机控制、单片机控制、PLC 控制技术,实现打包秤的自动控制与运行监控。为了方
便教学,本书配有教学课件、电子教案等立体化资源,可以登录"国家精品课程资
源网"(http://www.jingpinke.com)注册下载。同时,本书配套课程"电气控制系
统开发应用"已在智慧职教 MOOC 平台上线,读者可登录"智慧职教"(http://
mooc.irve.com.cn)上课。

　　本书可作为应用技术型本科和高职高专院校电气工程及其自动化、自动化、电
气自动化技术、机电一体化技术、建筑电气等相关专业的教学用书,也可作为电视
大学、职工大学相关专业的教学用书,对于相关专业工程技术人员来说,也是一本
很好的参考书和自学教材。

图书在版编目 (CIP) 数据

　　电气控制技术及应用/万东梅主编. —北京:中国电力
出版社,2015.3 (2024.6 重印)
　　高等院校高素质技术技能型人才培养规划教材
　　ISBN 978-7-5123-6820-0

　　Ⅰ.①电…　Ⅱ.①万…　Ⅲ.①电气控制-高等学校-教材　Ⅳ.
①TM921.5

　　中国版本图书馆 CIP 数据核字 (2015) 第 026877 号

中国电力出版社出版、发行
(北京市东城区北京站西街 19 号　100005　http://www.cepp.sgcc.com.cn)
固安县铭成印刷有限公司印刷
各地新华书店经售

*

2015 年 3 月第一版　2024 年 6 月北京第六次印刷
787 毫米×1092 毫米　16 开本　12.25 印张　296 千字
定价 32.00 元

前　言

本书为河北省精品资源共享课程"电气控制系统开发训练"的配套教材，是根据目前现代职业教育的特点，并充分考虑到电气控制技术在机电产品中的实际应用而编写的，集成了编者二十多年自动化类专业职业技术教学、培训和工程实践经验。本书主要内容分为学习篇、训练篇与系统篇。在学习篇内安排了两个项目，其中项目1为电气控制系统中常用低压电器，详细介绍了常用低压电器的原理、结构及选用方法；项目2为电动机基本控制线路，讲解了电动机起动、正反转、调速和制动等环节的控制思路与实现方法。训练篇设计了CW6163型普通车床、玉米粉碎机、打包秤电气控制柜设计与制作三个"教、学、做"一体化教学项目。系统篇在制作完成的打包秤电气控制柜基础上，分别采用计算机控制、单片机控制、PLC控制技术，实现打包秤的自动控制与运行监控。本书主要特点如下：

（1）按照现代职业教育培养目标，从电气自动化类专业学生必备的综合职业能力角度出发，按照CDIO（C构思－D设计－I实现－O运行）现代工程教育理念及"以能力为本位，以职业实践为主线，以真实的生产项目为载体"的总体设计要求来设计教学内容。除学习篇外，其他两篇的项目均取自生产实践，让知识和技能的学习有了更明确的工程目标，培养职业技能和素养的同时，提高学生学习兴趣和动手操作能力。

（2）打破传统以知识体系的完整性来组织教学的模式，紧紧围绕工作任务完成的需要来选择和组织课程内容，突出工作任务与知识的紧密性，不求知识体系完整，但求能力综合。同时将计算机控制、单片机控制与PLC控制融入传统电气控制技术中，提高学生的自学能力、知识与技能的综合利用能力。

（3）除学习篇外，每个项目开始，按照工程惯例，给出项目任务单，让学生在项目开始，了解项目要求与控制任务，以培养学生在以后的工作岗位中分析工程要求、提出解决方案的能力，实现教学内容与职业标准的对接。同时，为了与工程实践无缝衔接，书中术语尽可能与工程俗称一致。而为了与Protel软件对应，用Protel绘制的图形没有按新国家标准修改。

（4）遵循应用技术型人才培养规律，由易到难、循序渐进，并力求简洁流畅、通俗易懂。同时，作为河北省精品资源共享课程的配套教材，编者在教材的立体化配套资源建设上做了大量工作，并已经在"国家精品课程资源网"（http://www.jingpinke.com）共享，方便教师授课与学生自学。本书配套课程"电气控制系统开发应用"已在智慧职教 MOOC 平台上线，读者可登录使用。

本书由石家庄铁路职业技术学院万东梅任主编，郑家辉、霍俊仪任副主编，靳会超、史振江、刘旭东、韩晓雷、李德雄参与编写。全书由万东梅整理定稿，边铁兰、王兰和主审。

由于时间仓促，书中难免有不妥和疏漏之处，敬请各位读者提出宝贵意见。

编　者

2015 年 1 月

目 录

系 统 篇

自动控制产品开发应用

电气控制基础

- 项目1 电气控制系统中常用低压电器
- 项目2 电动机基本控制线路

电 气 控 制 基 础

内容简介

本篇是为电气控制技术打基础的部分，由两个项目构成。项目1重点介绍了常用低压电器的结构、工作原理、作用以及元器件型号选择。项目2重点介绍了电气控制技术及典型的电动机控制线路的设计技巧和分析方法。

学习目的

通过本篇学习，掌握常用低压电器的基本结构、工作原理、在控制线路中的作用，元器件选择方法及步骤。掌握电动机基本控制线路的设计技巧、分析方法。

涉及主要技术

电气控制技术、职业规范、职业标准。

项目特点

充分考虑低压电器、电气控制技术的实际应用和发展情况，按照应用技术型人才培养特色，以突出应用和便于教学为目标，结合当前流行的先进技术产品，力求突出针对性、实用性和先进性。

电气控制系统中常用低压电器

电器是指对电能的生产、输送、分配和使用起控制、调节、检测、转换及保护作用的电气设备。按工作电压等级分为高压电器（＞ AC1200V，＞ DC1500V）和低压电器（＜ AC1200V，＜ DC1500V），本书仅介绍电气控制系统中常用的低压电器。

一、低压电器的分类

电器种类繁多，按其结构、用途及所控制的对象不同，可以有不同的分类方式。

1. 按用途和控制对象分类

低压电器分为配电电器和控制电器。

（1）低压配电电器。主要用于低压供电系统，如刀开关、低压断路器、转换开关和熔断器等。

（2）低压控制电器。主要用于电气控制系统，如接触器、继电器、控制器、控制按钮、行程开关、主令控制器和万能转换开关等。

2. 按工作原理分类

低压电器分为电磁式电器和非电量控制电器。

（1）电磁式电器。根据电磁感应原理工作，如交直流接触器、电磁式继电器等。

（2）非电量控制电器。靠外力或非电物理量的变化而动作，如刀开关、行程开关、按钮、速度继电器、压力继电器和温度继电器等。

3. 按操作方式分类

低压电器分为手动电器和自动电器。

（1）手动电器。由人工直接操作才能完成控制任务，如刀开关、按钮和转换开关等。

（2）自动电器。不需要人工直接操作，由电或非电信号自动完成接通、分断电路任务，如低压断路器、接触器和继电器等。

二、低压电器的基本结构

电磁式低压电器大都由感测部分（电磁机构）和执行部分（触头系统）两个主要部分组成。部分低压电器还设有灭弧装置。

1. 电磁机构

电磁机构的主要作用是将电磁能量转换成机械能量，带动触头动作，从而接通或分断电路。它由吸引线圈、铁心和衔铁三个基本部分组成。常用的电磁机构如图 1-1-1 所示。

图 1-1-1　常见的电磁机构

图 1-1-1（a）所示的电磁机构广泛应用于直流电器中，图 1-1-1（b）所示的电磁机构多用于触头容量较大的交流电器中，而图 1-1-1（c）所示的电磁机构多用于交流接触器及继电器中。

（1）电磁铁。电磁铁由吸引线圈与铁心构成。按吸引线圈所通电流性质的不同，电磁铁可分为直流电磁铁和交流电磁铁。

1）直流电磁铁。由于通入的是直流电，直流电磁铁铁心不发热，只有吸引线圈发热，因此，吸引线圈与铁心接触面要有利于散热。一般将吸引线圈做成无骨架、高而薄的瘦高型，以改善散热性能；铁心和衔铁则由软钢和工程纯铁制成。

2）交流电磁铁。由于通入的是交流电，交流电磁铁铁心中存在磁滞损耗和涡流损耗，导致吸引线圈和铁心都发热，因此，交流电磁铁的吸引线圈设有骨架，使铁心与吸引线圈隔离并将吸引线圈制成短而厚的矮胖型，以有利于铁心和吸引线圈的散热。铁心用硅钢片叠加而成，以减小涡流损耗。

电磁铁工作时，吸引线圈产生的磁通作用于衔铁，产生电磁吸力，并使衔铁产生机械位移。衔铁在复位弹簧的作用下复位。作用在衔铁上的力有电磁吸力与反力，其中电磁吸力由电磁机构产生，反力则由复位弹簧和触头弹簧产生。衔铁吸合时要求电磁吸力大于反力，衔铁复位时要求反力大于电磁吸力。

直流电磁铁的电磁吸力

$$F = 4B^2 S \times 10^5 \tag{1-1-1}$$

式中　F——电磁吸力，N；

　　　B——气隙磁感应强度，T；

　　　S——磁极截面积，m^2。

当吸引线圈中通以交流电时，磁感应强度为交变量，即

$$B = B_m \sin\omega t \tag{1-1-2}$$

由式（1-1-1）和式（1-1-2）可得

$$\begin{aligned}
F &= 4B^2 S \times 10^5 \\
&= 4S B_m^2 \sin^2\omega t \times 10^5 \\
&= 2B_m^2 S (1 - \cos2\omega t) \times 10^5 \\
&= 2B_m^2 S \times 10^5 - 2B_m^2 S \times 10^5 \cos2\omega t
\end{aligned} \tag{1-1-3}$$

由式（1-1-3）可知：交流电磁铁的电磁吸力在 0（最小值）～F_m（$F_m = 4B_m^2 S \times 10^5$，最大值）之间变化，其吸力曲线如图 1-1-2 所示。在一个周期内，当电磁吸力的瞬时值大于反力时，铁心吸合；当电磁吸力的瞬时值小于反力时，铁心释放。当电源电压变化一个周期时，电磁铁吸合两次、释放两次，使电磁机构产生剧烈的振动和噪声，因而不能正常工作。

（2）短路环。为了消除交流电磁铁产生的振动和噪声，在铁心的端面开一小槽，槽内嵌入铜质短路环，如图 1-1-3 所示。加上短路环后，磁通被分成大小相近、相位相差约 90° 的两相磁通 Φ_1 和 Φ_2，因此两相磁通不会同时为零。由于电磁吸力与磁通的平方成正比，因此由两相磁通产生的合成电磁吸力较为平坦，在电磁铁通电期间电磁吸力始终大于反力，使铁心牢牢吸合，从而可消除振动和噪声。

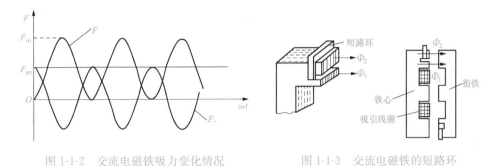

图 1-1-2   交流电磁铁吸力变化情况   图 1-1-3   交流电磁铁的短路环

2. 触头系统

触头是电器的执行部分，起接通和分断电路的作用，通常用铜制成。由于铜触头表面易产生氧化膜，使触头的接触电阻增大，从而使触头的损耗也增大，因此，有些小容量电器的触头采用银质材料，以减小接触电阻。

触头主要有桥式触头和指形触头两种结构形式，如图 1-1-4 所示。桥式触头的两个触头串联于同一条电路中，电路的通断由两个触头共同完成，常用于大容量电器中；而指形触头的接触区为一直线，触头接通或分断时将产生滚动摩擦，有利于去掉氧化膜，同时也可缓冲触头闭合时的撞击能量，改善触头的电气性能。

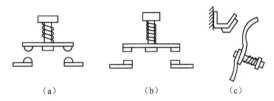

图 1-1-4   触头的结构形式
（a）、（b）桥式触头；（c）指形触头

为了使触头接触得更加紧密，减小接触电阻，并消除触头开始接触时产生的振动，可在触头上安装接触弹簧。

3. 灭弧系统

在大气中分断电路时，由于电场的存在，触头表面的大量电子溢出，产生电弧。电弧一经产生，就携带大量热能。电弧的存在既烧蚀了触头的金属表面，降低了电器的使用寿命，又延长了电路的分断时间，所以必须迅速把电弧熄灭。

熄灭电弧可采用将电弧拉长、使弧柱冷却、把电弧分成若干短弧等方法。灭弧装置就是基于这些原理来设计的。

（1）电动力灭弧。图 1-1-5 所示是一种桥式结构双断口触头系统的电动力灭弧原理。当触头分断时，在断口处将产生电弧。电弧电流在两电弧之间产生如图 1-1-5 所示的磁场。根据左手定则，电弧电流要受到一个指向外侧的电磁力 F 的作用，使电弧向外运动并拉长，同时也使电弧温度降低，有助于熄灭电弧。

这种灭弧方法简单，不需要专门的灭弧装置，一般用于接触器等交流电器。当交流电弧电流过零时，触头间隙的介质强度迅速恢复，将电弧熄灭。

（2）磁吹灭弧。如图 1-1-6 所示，在触头电路中串入一个磁吹线圈，该线圈产生的磁通经过导磁夹板引向触头周围。在弧柱下方，两个磁通是相加的；而在弧柱上方，则是彼此相减的。因此，在下强上弱磁场的作用下，电弧被拉长并吹入灭弧罩中。引弧角与静触头相连接，其作用是引导电弧向上运动，将热量传递给灭弧罩，使电弧冷却熄灭。

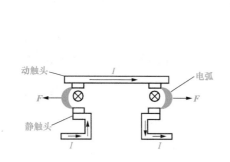

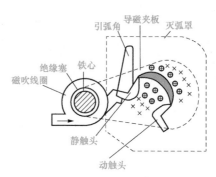

1-1-5　双断点触头的电动力灭弧原理　　　图 1-1-6　磁吹灭弧示意图

该灭弧装置是利用电弧电流本身灭弧的，因而电弧电流越大，吹弧能力也越强。它广泛应用于直流接触器中。

（3）灭弧栅灭弧。如图 1-1-7 所示，灭弧栅由多片镀铜薄钢片（称为灭弧栅片，简称栅

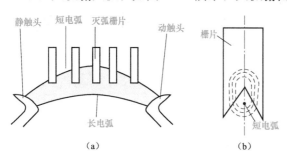

图 1-1-7　灭弧栅灭弧原理
（a）栅片灭弧原理；（b）电弧进入栅片的图形

片）组成的，彼此之间互相绝缘，安放在电器触头上方的灭弧罩内。一旦产生电弧，电弧周围产生磁场，导磁的钢片将电弧吸入栅片，电弧被栅片分割成许多串联的短电弧，而栅片就是这些短电弧的电极。每两片栅片之间都有 150～250V 的绝缘强度，使整个灭弧栅的绝缘强度大大加强，外加电压无法维持，电弧迅速熄灭。除此之外，栅片还能吸收电弧热量，使电弧迅速冷却。基于上述原因，电弧进入栅片后就会很快熄灭。由于灭弧栅的灭弧效果在交流时要比直流时强得多，因此在交流电器中常采用。

（4）灭弧罩灭弧。采用一个陶土和石棉水泥做成的耐高温的灭弧罩，电弧进入灭弧罩后，可以降低弧温和隔弧。这种灭弧方法在直流接触器中广泛采用。

1.1　常　用　开　关

1.1.1　刀开关

刀开关俗称闸刀开关，一般作为电源的引入开关，广泛应用在低压电路中，作不频繁接通或分断容量不太大的异步电动机或低压供电电路，有时也作为隔离开关使用。

刀开关文字符号：QS，图形符号及示意图如图 1-1-8 所示。

1. 基本结构及工作原理

刀开关的典型结构如图 1-1-9 所示，它由手柄、动触头、静触头和底座等组成。刀开关按级数分为单极、双极、三极；按操作方式分为直接手柄操作式、杠杆操作式和电动操动机构式；按刀开关转换方向分为单投和双投等。

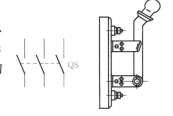

图 1-1-8 刀开关图形
符号及示意

2. 技术参数及型号

（1）技术参数。刀开关在实际使用中主要关注以下两个技术参数：

1）额定电压。额定电压是指刀开关主触头允许所加的最大工作电压值，分交流和交流两种。其中交流时额定电压一般为 380V，直流时有 220V 和 440V 两种规格。

2）额定电流。额定电流是指在额定环境条件下，刀开关主触头长期连续工作时的允许电流。（也就是主触头在额定电压下工作时的电流）

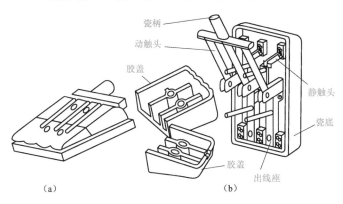

图 1-1-9 刀开关的典型结构
（a）外形；（b）内部构成

（2）型号。开启式负荷开关（俗称胶盖刀开关）适用于交流 50Hz，额定电压单相 220V、三相 380V，额定电流至 100A 的电路中。常用的有 HK1 和 HK2 系列。刀开关的型号及含义如下：

另外一种常用的刀开关为熔断器式刀开关（又称熔断器式隔离开关），如图 1-1-10 所示。它是以熔体或带有熔体的熔断器件作为动触头的一种隔离开关。主要用于额定电压小于 AC600V、发热电流小于 630A 且具有大短路电流的配电电路和电动机电路中，作为电源开关、隔离开关、应急开关及电动机保护用，但一般不作为直接电源开关控制单台电动机。常用的有 HR5、HR6 系列，型号说明如下：

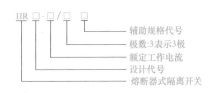

图 1-1-10 熔断器式刀开关

7

3. 刀开关的选用

选用刀开关时，主要根据额定电压、额定电流两个技术指标选择，应满足：

（1）额定电压不小于线路或设备的额定电压。

（2）额定电流：在封闭的开关柜内（或散热条件较差的工作场），$I_N = 1.15 I_{30}$；控制电动机时，$I_N = 3 I_{30}$。

选型举例　用刀开关控制一台电动机的起停。电动机的额定功率为 5.5kW，额定电流为 12A。请选择刀开关的型号。

$I_N = 3 \times 12 = 36A$，查附录 B 选 HK2-63/3 型刀开关（380V，63A，3 极），1 台。

1.1.2　转换开关

转换开关多用于不频繁接通和断开的电路或无电切换电路。如用作机床照明电路的控制开关，或 5kW 以下小容量电动机的起动、停止和正反转控制开关。

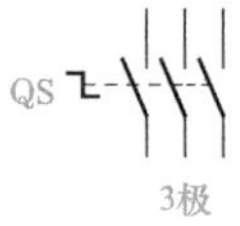

转换开关文字符号：QS，图形符号如图 1-1-11 所示。

1. 基本结构及工作原理

图 1-1-11　转换开关图形符号

转换开关又称组合开关，是一种变形刀开关，在结构上用动触片代替了闸刀，以左右旋转代替了刀开关的上下分合动作，有单极、双极和多极之分。

以三极转换开关为例，如图 1-1-12 所示，它共有三副静触片，每一静触片的一边固定在绝缘垫板上，另一边伸出盒外并附有接线柱供电源和用电设备接线。三副动触片装在另外的绝缘垫板上，垫板套在附有手柄的绝缘杆上。手柄每次能沿任意方向旋转 90°，并带动三副动触片分别与对应的三副静触片保持接通或断开。在开关转轴上也装有储能装置扭簧，使开关的分合速度与手柄动作速度无关，有效地抑制了电弧。

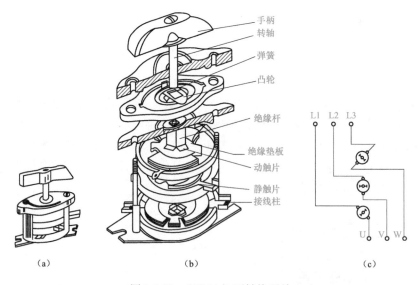

图 1-1-12　HZ-10/3 型转换开关

（a）外形；（b）结构；（c）示意图

2. 技术参数及型号

（1）技术参数（见附录 B 中表 B-2、表 B-3）。在选用转换开关时，主要关注以下两个参数：

1）额定电压。额定电压指转换开关主触头允许所加的最大工作电压值。

2）额定电流。额定电流指在额定环境条件下，转换开关主触头长期连续工作时的允许电流（也就是主触头在额定电压下工作时的电流）。

转换开关额定电压有 220V 和 380V 两种规格，额定电流有 10、25、35、60A 等多种规格。

（2）型号。常用的转换开关有 HZ5、HZ10 和 HZW（3LB、3ST1）等系列，其中 HZW 系列主要用于三相异步电动机负载起动、换向运行以及作为电气控制主电路与辅助电路的转换开关。

转换开关的型号及含义如下：

3. 转换开关的选用

在选用转换开关时，主要关注额定电压和额定电流这两个技术参数，要求：

（1）额定电压不小于线路或设备的额定电压。

（2）额定电流 $I_N \geqslant I_{30}$。

选型举例　一台电动机，额定功率为 5.5kW，额定电流为 12A。请选一个转换开关来控制该电动机的运行。

由电动机的参数可知，$I_N = I_{30} = 12A$。

查表 B-2 选 HZ10-25/3（380V，25A，3 极），1 个。

1.1.3　低压断路器

低压断路器又称断路器，按结构和性能可分为框架式、塑料外壳式和漏电保护式三类。它是一种既能作开关用，又具有电路自动保护功能的低压电器，常作为电源的引入开关。当电路发生过载、短路、欠电压等非正常情况时，它能自动切断与它串联的电路，有效地保护故障电路中的用电设备。漏电保护断路器除具备一般断路器的功能外，还可以在电路出现漏电（如发生触电事故）时自动切断电路。低压断路器具有操作安全、动作电流可调整、分断能力较强等优点，在各种电气控制系统中得到了广泛的应用。

低压断路器文字符号：QF，实物外形及图形符号如图 1-1-13 所示。

（a）　　　　　　　　（b）

图 1-1-13　低压断路器的实物外形及图形符号

（a）实物外形；（b）图形符号

1. 基本结构及工作原理

低压断路器的结构和基本原理如图 1-1-14 所示。图中的 2 是断路器的三对主触头，与被保护的三相主电路串联。当手动闭合电路后，低压断路器主触头由锁链 3 钩住搭钩 4，克服弹簧 1 的拉力，保持闭合状态。搭钩 4 可绕轴 5 转动。当被保护的主电路正常工作时，电磁脱扣器 6 线圈所产生的电磁吸力

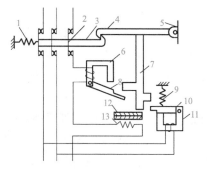

图 1-1-14 低压断路器的
结构和基本工作原理

不足以将衔铁 8 吸合；而当被保护的主电路发生短路或通过较大电流时，电磁脱扣器 6 线圈所产生的电磁吸合力增大，将衔铁 8 吸合，并推动杠杆 7，把搭钩 4 顶高。在弹簧 1 的作用下主触头断开，切断主电路，起到保护作用。而当电路电压严重下降或消失时，欠电压脱扣器 11 中的吸力减少或失去吸力，衔铁 10 被弹簧 9 拉开，推动杠杆 7，将搭钩 4 顶开，断开了主触头。当电路发生过载时，过载电流流过发热元件 13，使双金属片 12 向上弯曲，将杠杆 7 推动，断开主触头，从而起到保护作用。

2. 技术参数及型号

（1）技术参数（见附录 B 中表 B-4）。低压断路器除了额定电压、额定电流外，还有通断能力和分断时间等主要技术参数。

1）额定电压。断路器的额定电压分为额定工作电压、额定绝缘电压和额定脉冲电压。

额定工作电压在数值上取决于电网的额定电压等级，我国电网标准规定的额定电压等级为 220、380、660、1140V（交流），220、440V（直流）等。同一断路器可以在几种额定工作电压下使用，但通断能力并不相同。额定绝缘电压是指断路器的最大额定工作电压。额定脉冲电压是指断路器工作时所能承受的系统中发生开关动作时的过电压值。

2）额定电流。额定电流指过电流脱扣器的额定电流，一般指断路器的额定持续电流。

3）通断能力。通断能力指开关电器在规定的条件（电压、频率及交流电路的功率因数和直流电路的时间常数）下，能在给定的电压下接通和分断的最大电流值，也称为额定短路通断能力。

4）分断时间。分断时间指切断故障电流所需的时间，包括固有的断开时间和燃弧时间。

（2）型号。框架式断路器为敞开式结构，适用于大容量配电装置，常用的是 DW10 和 DW15 系列，用作配电线路和变压器的保护开关。塑料外壳式断路器的外壳用绝缘材料制作，具有良好的安全性，常见的有 DZ15 和 DZ20 系列。断路器可用作电动机和小型室内配盘的总开关、配电线路的保护开关及电动机、照明电路的控制开关。

以塑料外壳式低压断路器为例，其型号及含义如下：

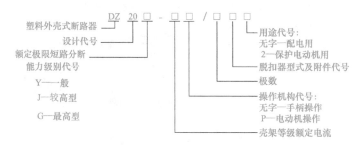

3. 低压断路器选择

在选择低压断路器时，应主要关注以下参数：

（1）断路器额定电压不小于线路或设备的额定工作电压。

（2）断路器额定电流一般分别按照尖峰电流、瞬时过电流脱扣器动作电流、短延时过电流脱扣器动作电流、长延时过电流脱扣器动作电流以及断路器与被保护电路的电流配合来选择。

1）线路的尖峰电流 I_{pk}。这个电流的计算公式为

$$I_{pk} = (1.7 \sim 2.1)I_{stm} + I_{30(n-1)}$$

式中　I_{stm}——线路中容量最大一台电动机的起动电流；

　　　$I_{30(n-1)}$——除容量最大一台电动机以外的线路计算电流。

2）瞬时过电流脱扣器动作电流 $I_{op(0)}$。这个电流的选择方法是：

塑料外壳式断路器（DZ 系列，动作时间在 0.02s 以下）：$I_{op(0)} \geq (2\sim2.5)\ I_{pk}$；

万能式断路器（DW 系列，动作时间在 0.02s 以上）：$I_{op(0)} \geq 1.35 I_{pk}$。

3）短延时过电流脱扣器动作电流 $I_{op(s)} \geq 1.2 I_{pk}$。

4）长延时过电流脱扣器动作电流 $I_{op(1)}$。这个电流应满足 $I_{op(1)} \geq 1.1 I_{30}$。

5）断路器应与被保护线路配合，满足 $I_{op(1)} < I_{al}$。这样断路器在线路发生过载或短路事故时，能可靠地保护导线不致过热而损坏。

（3）短延时过电流脱扣器的动作时间的选择。这个时间通常为 0.2、0.4、0.6s，应按前后保护装置来确定，使前一级保护的动作时间比后一级保护的动作时间长 0.2s。

选择时，用 $I_{op(1)}$ 来选断路器型号，用 $I_{op(0)}$ 和 I_{al} 验算。

选型举例　请选择控制 M1、M2 两台电动机运行的电源开关 QF。其中 M1：7.5kW，15A；M2：7.5kW，15A。

由已知得 I_{30}＝30A，计算：

1）I_{pk}＝2.1I_{stm}＋$I_{30(n-1)}$＝2.1×7×15＋15＝235.5A

2）$I_{op(0)}$＝2.5I_{pk}＝2.5×235.5＝588.75A

3）$I_{op(1)}$＝1.1I_{30}＝1.1×30＝33A

查表 B-5 选 DZ20Y-100：I_N＝40A，U_N＝380V。

该断路器的瞬时脱扣器整定电流为

$$12I_N = 12 \times 40 = 480A < 588.75A$$

因此不满足要求。

查表 B-5 选 DZ20Y-100/3：I_N＝50A，U_N＝380V。

该断路器的瞬时脱扣器整定电流为

$$12I_N = 12 \times 50 = 600A > 588.75A$$

满足要求。

所以断路器 QF 选为　DZ20Y-100/3（380V，50A），1 台。

验证：断路器 QF 与被保护线路的配合。

由 I_{30}＝30A，查附录 A 选导线截面积为 6mm²，I_{al}＝39A。

而 I_{al}＝39A＜50A，因此不满足验证要求。

选导线截面积为 10mm²，I_{al}＝54A＞50A，这时便可以满足 $I_{op(1)} < I_{al}$。

断路器 QF 选为 DZ20Y-100/3（380V，50A），1 台。

1.2　熔　断　器

熔断器是指当电流超过规定值时，以本身产生的热量使熔体熔断进而断开电路的一种电

器，它广泛应用于高低压配电系统和控制系统以及用电设备中，作为短路和过电流保护器，是应用最普遍的保护器件之一。

熔断器文字符号：FU，实物外形及图形符号如图 1-1-15 所示。

一、基本结构及工作原理

熔断器主要由熔体和安装熔体的熔管两部分组成。其中熔体由易熔金属材料，如铅、锡、锌、银、铜及其合金制成，通常制成丝状或片状。熔管是装熔体的外壳，由陶瓷、绝缘钢纸或玻璃纤维制成，在熔体熔断时兼有灭弧作用。

图 1-1-15 熔断器的实物外形及符号
(a) RC 系列瓷插式熔断器；(b) RL 系列螺旋式熔断器；
(c) RM 系列管式熔断器；(d) 图形符号

熔断器的熔体与被保护的电路串联，当电路正常工作时，熔体允许通过一定大小的电流而不熔断。当电路发生短路或严重过载时，熔体中流过很大的故障电流，当电流产生的热量达到熔体的熔点时，熔体熔断切断电路，从而达到保护目的。

二、技术参数及型号

1. 技术参数（见附录 C）

（1）额定电压。额定电压指熔断器长期工作和分断后能够承受的电压。

（2）额定电流。额定电流指熔断器长期工作时，各部件温升不超过规定值时所能承受的电流。一般为熔管额定电流 I_{FU}，且满足熔管额定电流 I_{FU}＞熔体额定电流 I_{FE}。

（3）极限分断能力。极限分断能力指熔断器在规定的额定电压和功率因数（或时间常数）的条件下，能分断的最大短路电流值。它反映了熔断器分断短路电流的能力。

2. 型号及含义

熔断器型号及含义如下：

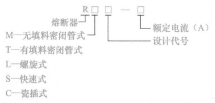

（1）瓷插式熔断器。瓷插式熔断器有 RC1A 等系列，主要用于 380V（或 220V）、50Hz 的低压电路中，一般接在电路的末端，作为电气设备的短路保护。

（2）螺旋式熔断器。螺旋式熔断器有 RL1 等系列，主要用于 50Hz 或 60Hz、额定电压在 500V 以下、额定电流在 200A 以下的电路中，作为短路或过载保护。

（3）管式熔断器。管式熔断器主要有 RM10、RT12、RT15、RT18、RT19 等系列。其中 RM10 系列为无填料密闭管式熔断器，用作短路保护和连续过载保护，主要用于额定电压 AC500V 或 DC400V 的电网和成套配电设备上。RT 系列为有填料密闭管式熔断器，用作电缆、导线及电气设备的短路保护和电缆、导线的过载保护，主要用于具有较大短路电流的电网或配电装置中。

3. 熔断器的选择

工程中选择熔断器一般应从以下几个方面考虑：

(1) 熔断器的类型应根据线路的要求、使用场合及安装条件进行选择。

(2) 熔断器的额定电压不小于线路的工作电压。

(3) 熔断器的额定电流 I_{FU} 不小于所装熔体的额定电流 I_{FE}。

(4) 熔断器的额定分断能力大于电路中可能出现的最大故障电流。

(5) 另外还需考虑电路中其他配电电器、控制电器之间选择性配合等要求。为此，应使上一级（供电干线）熔断器的熔体额定电流比下一级（供电支线）大 1～2 个级差。

4. 熔断器熔体额定电流 I_{FE} 选择

(1) 保护照明或电热设备中（负荷电流比较平稳），熔体额定电流选为

$$I_{FE} = KI_{30}$$

式中　K——可靠系数，一般取 1.1～1.15。

(2) 保护有电动机的线路，需要分情况讨论。

1) 保护单台电动机长期工作时，选

$$I_{FE} = K_r I_{st}$$

2) 多台电动机长期共用一个熔断器保护时，选

$$I_{FE} \geqslant K_r (I_{stm} + I_{30(n-1)})$$

式中　I_{stm}——容量最大一台电动机的起动电流；

$I_{30(n-1)}$——除容量最大的电动机之外，线路的计算电流。

不同情况下，系数 K_r 的取值不同：

1) 轻载起动（3s 以下）：0.25～0.35。

2) 重载起动（3～8s）：0.35～0.5。

3) 起动时间超过 8s（或频繁起动/反接制动）：0.5～0.6。

4) 考虑熔断器与被保护线路的配合，应使熔断器在线路发生短路事故时，能可靠地保护导线不致过热而损坏，则应满足

$$I_{FE} < K_{OL} I_{al}$$

式中　K_{OL}——绝缘导线和电缆的允许短时过载系数。明敷设绝缘线，$K_{OL}=1.5$；电缆或穿管绝缘线，$K_{OL}=2.5$；对已装设过载保护的电缆和绝缘线，$K_{OL}=1.25$。

熔断器选型原则：

(1) 用熔体额定电流选型号。

(2) 验算导线允许载流量 I_{al}。

选型举例　选择控制电动机 M 运行的熔断器 FU，该电动机 $I_N=22A$。

求出该电动机的起动电流

$$I_{st}=7I_N=7×22=154A$$

对该电动机实现短路保护时，熔断器熔体的额定电流为

$$I_{FE}=K_r I_{st}=0.5×154=77A \quad （取 K_r=0.5）$$

查附录 C 中表 C-1，选 RM10-100 型熔断器（80A，380V），3 个，$I_{FE}=80A$。

验证：选导线截面积 $S=16mm^2$，$I_{al}=66A$，这时

$$K_{OL}I_{al}=1.25\times66=82.5A>I_{FE}=80A$$

截面积为 16mm² 导线可以满足要求。

选 FU 为 RM10-100，$I_{FE}=80A$。

1.3 接 触 器

接触器是电气控制系统中非常重要的电器元件。接触器和继电器一起，构成了传统电气控制系统的核心控制单元，因此，传统电气控制系统也称为继电—接触器控制系统。接触器为电磁式结构，它利用线圈电流及其磁场之间的相互作用，使触头闭合，以达到控制负载的目的。

接触器文字符号：KM，实物及图形符号如图 1-1-16 所示。

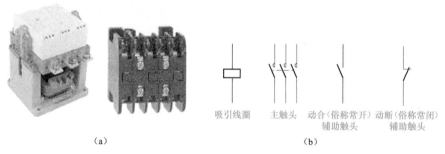

吸引线圈　　主触头　　动合（俗称常开）　动断（俗称常闭）
　　　　　　　　　　　　辅助触头　　　　辅助触头
（a）　　　　　　　　　　　　（b）

图 1-1-16　接触器的实物及图形符号

(a) 实物；(b) 图形符号

1.3.1 基本结构及工作原理

接触器为电磁式结构，它和其他电磁式电器元件一样，主要由以下几部分组成。

1. 电磁机构

电磁机构由线圈、衔铁和铁心等组成。它能产生电磁吸力，驱使触头动作。在铁心头部平面上都装有短路环，目的是消除交流电磁铁在吸合时可能产生的衔铁振动和噪声。

2. 触头系统

接触器的触头系统包括主触头和辅助触头。主触头用于接通和分断主电路，通常为三对常开触头。辅助触头用于控制电路，起电气联锁作用，故又称联锁触头，一般有常开、常闭辅助触头各两对。在线圈未通电时（即平常状态下），处于相互断开状态的触头叫常开触头（俗称常开触头）；处于相互接触状态的触头叫常闭触头（俗称常闭触头）。本书采用工程中采用的俗称。当线圈通电时，所有的常闭触头先行分断，然后所有的常开触头跟着闭合；当线圈断电时，在反力弹簧的作用下，所有触头都恢复原来的正常状态。

3. 灭弧罩

额定电流在 20A 以上的交流接触器，通常都设有陶瓷灭弧罩。它的作用是迅速切断触头在分断时所产生的电弧，以避免发生触头烧蚀或熔焊。

4. 其他部分

除了以上三个主要部分外，接触器还包括反力弹簧、触头压力簧片、缓冲弹簧、短路环、底座和接线柱等。其中反力弹簧的作用是当线圈断电时使衔铁和触头复位；触头压力簧片的作用是增大触头闭合时的压力，从而增大触头接触面积，避免因接触电阻增大而产生触头烧蚀现象；缓冲弹簧可以吸收衔铁被吸合时产生的冲击力，起保护底座的作用。

　　交流接触器的工作原理如图 1-1-17 所示，当线圈通电后，线圈中电流产生的磁场，使铁心产生电磁吸力将衔铁吸合。衔铁带动动触头动作，使常闭触头断开、常开触头闭合。当线圈断电时，电磁吸力消失，衔铁在反力弹簧的作用下释放，各触头随之复位。

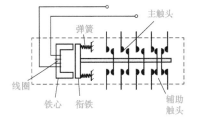

图 1-1-17　接触器原理图

1.3.2　技术参数及型号

1. 技术参数（见附录 D）

（1）额定电压。额定电压指主触头的额定电压，交流电压的等级有 127、220、380V 和 500V。

（2）额定电流。额定电流指主触头的额定电流，交流电流的等级有 5、10、20、40、60、100、150、250、400A 和 600A。

（3）吸引线圈的额定电压。交流电压的等级有 36、110、127、220V 和 380V。

2. 型号及含义

　　目前国内常用交流接触器主要有 CJ20、CJ24、CJ26、CJ28、CJ29、CJ40 等系列。

　　近年来从国外引进了一些交流接触器产品，有德国 BBC 公司的 B 系列、西门子公司的 3TB 系列、法国 TE 公司的 LC1-D 和 LC2-D 系列等。

　　接触器的型号及含义如下：

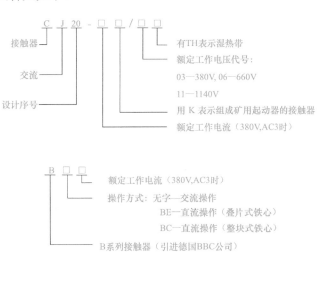

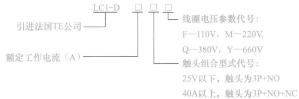

3. 接触器的选用

　　接触器作为通断负载电源的设备，应满足被控制设备的要求。除额定工作电压应与被控设备的额定工作电压相同外，还应考虑被控设备的负载功率、使用类别、控制方式、操作频率、工作寿命、安装方式、安装尺寸以及经济性等指标。选用原则如下：

（1）交流接触器的电压等级要和负载的额定电压相同，选用的接触器类型要和负载相适应。

（2）接触器的容量等级要符合负载的计算电流，即接触器的额定工作电流大于等于负载的计算电流。接触器的接通电流大于负载的起动电流，分断电流大于负载运行时分断需要电流。负载的计算电流要考虑实际工作环境和工况，对于起动时间长的负载，半小时峰值电流不能超过约定发热电流。

（3）按短时的动、热稳定校验。线路的三相短路电流不应超过接触器允许的动、热稳定电流，当使用接触器断开短路电流时，还应校验接触器的分断能力。

（4）接触器吸引线圈的额定电压、电流及辅助触头的数量、电流容量应满足控制回路接线要求。

（5）根据操作次数校验接触器所允许的操作频率。如果操作频率超过规定值，额定电流应该加大一倍。

选型举例　请选择控制电动机 M 的接触器 KM。电动机 M：380V，11kW，22A。

$I = (P_N \times 10^3) / (KU_N) = (11 \times 10^3) / (1.4 \times 380) = 20.68A$

查表 D-2 选 CJ20-25（$I_N = 25A$，$U_N = 380V$）。

因此 $I_N = 25A > 20.68A$，能够满足要求。

选 KM 为 CJ20-25（25A，380V），线圈电压为 220V。

1.4　继　电　器

继电器是当输入量（激励量）的变化达到规定要求时，在电气输出电路中使被控量发生预定变化的一种电器。它通常应用于自动化的控制电路中，实际上是用小电流去控制大电流的一种"自动开关"，在电路中起着自动调节、安全保护、转换电路等作用，在传统电气控制系统中应用广泛。随着可编程控制器（PLC）的发展，控制用继电器已经逐渐被 PLC 的软触头代替。下面重点介绍几种常用的继电器。

1.4.1　热继电器

热继电器是利用电流通过元件所产生的热效应原理而延时动作的继电器，专门用来对连

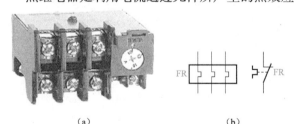

续运行的电动机进行过载及断相保护，以防止电动机过热而烧毁。

热继电器文字符号：FR，实物及图形符号如图 1-1-18 所示。

1. 基本结构及工作原理

热继电器主要由热元件、双金属片和触头组成。双金属片是它的测量元件，由两种具有不同线膨胀系数的金属通过

图 1-1-18　热继电器实物及图形符号
（a）实物；（b）图形符号

机械碾压而制成，线膨胀系数大的称为主动层，小的称为被动层。加热双金属片的方式有四种：直接加热、热元件间接加热、复合式加热和电流互感器加热。

图 1-1-19 为热继电器的结构示意图。热元件 3 串接在电动机定子绕组中，电动机绕组电流即为流过热元件的电流。当电动机正常运行时，热元件产生的热量虽能使双金属片 2 弯

曲，但还不足以使继电器动作；当电动机过载时，热元件产生的热量增大，使双金属片弯曲位移增大，经过一定时间后，双金属片弯曲到推动导板 4，并通过补偿双金属片 5 与推杆 14 将触头 9 和 6 分开。触头 9 和 6 为热继电器串联于接触器线圈回路的常闭触头，断开后使接触器失电，接触器的常开触头断开电动机的电源以保护电动机。调节旋钮 11 是一个偏心轮，它与支撑件 12 构成一个杠杆，转动偏心轮，改变它的半径，即可改变补偿双金属片 5 与导板 4 接触的距离，因而达到调节整定动作电流的目的。此外，靠调节复位螺钉 8 来改变常开触头 7

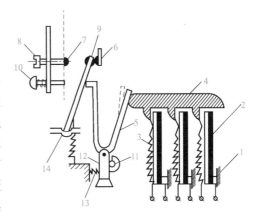

图 1-1-19　热继电器的结构示意

的位置，使热继电器能工作在手动复位和自动复位两种工作状态。手动复位时，在故障排除后要按下按钮 10，才能使动触头 9 恢复与静触头 6 的接触。

2. 技术参数及型号

（1）技术参数。热继电器的技术参数主要有以下两个：

1）额定电流，指热继电器中可以安装的热元件的最大整定电流值。

2）热元件额定电流。为发热元件的最大整定电流值。

（2）型号。目前国常用的热继电器主要有 JR20、JR27、JR36、JRS1 等系列。热继电器的型号及含义如下：

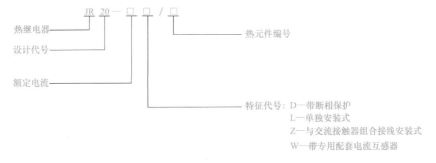

3. 热继电器选用

在选用热继电器时，应主要满足以下条件：

（1）继电器热元件的额定电流＝电动机额定电流。

（2）继电器热元件的额定电流＝（60%～80%）电动机额定电流（过载能力较差的电动机）。

选型举例　请选择控制 M 电动机的热继电器 FR。电动机 M 参数为 380V、11kW、22A。

由电动机 I_N＝22A，查附录 E 中表 E-1 选 JR20-25 型热继电器，其额定电流为 25A。

25A >22A，因此满足要求。

所以选 FR 为 JR20-25 型（25A，380V），1 台。

1.4.2　时间继电器

当感受部件在感受到外界信号后，执行部件经过一段时间才能动作，从而实现一定延时操作的继电器，称为时间继电器。

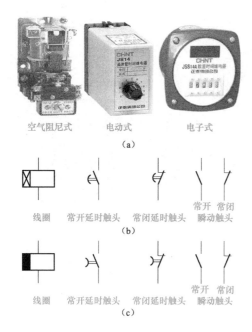

空气阻尼式　　电动式　　电子式

（a）

线圈　常开延时触头　常闭延时触头　常开 常闭
瞬动触头

（b）

线圈　常开延时触头　常闭延时触头　常开 常闭
瞬动触头

（c）

图 1-1-20　时间继电器实物及图形符号

（a）外形；（b）通电延时型时间继电器
符号；（c）断电延时型时间继电器符号

时间继电器的种类很多，主要有空气阻尼式、电动式、电子式等几大类。延时方式有通电延时和断电延时两种。

时间继电器文字符号：KT，实物及图形符号如图 1-1-20 所示。

1. 基本结构及工作原理

这里以空气阻尼式时间继电器为例，说明时间继电器的基本结构及工作原理。空气阻尼式时间继电器由电磁机构、工作触头及气室三部分组成，如图 1-1-21 所示。它是靠空气的阻尼作用来实现延时的。

时间继电器电磁铁线圈 1 通电后，将衔铁 4 吸下，于是顶杆 6 与衔铁间出现一个空隙，当与顶杆相连的活塞门在弹簧 7 作用下由上向下移动时，在橡皮膜 9 上面形成空气稀薄的空间（气室），空气由进气孔 11 逐渐进入气室，活塞因受到空气的阻力，不能迅速下降，在降到一定位置时，杠杆 15 使触头 14 动作（常开触头闭合，常闭触头断开）。线圈断电时，弹簧使衔铁和活塞等复位，空气经橡皮膜与顶杆之间推开的气隙迅速排出，触头瞬时复位，从而实现通电延时。断电延时时间继电器的工作原理与此类似。

2. 技术参数及型号

（1）技术参数。时间继电器的主要技术参数有：

1）触头额定电压、电流。

2）线圈额定电压。线圈额定电压有交流 36、127、220、380V 等规格。

3）延时范围。延时范围有 0.4～60s、0.4～180s 等规格。

（2）型号。时间继电器的常用系列如下：

1）空气阻尼式时间继电器，有 JS7、JS23 系列。

2）晶体管式时间继电器，有 JS14A、JS15、JSJ 等系列。

3）数字式时间继电器，有 JS14S、JSS1、JS14P、H48S、DH14S 等系列。

时间继电器的型号及含义如下：

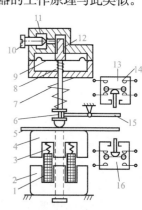

图 1-1-21　空气阻尼式
时间继电器

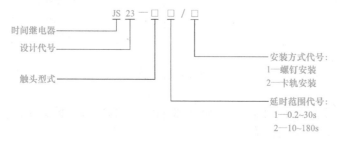

时间继电器
设计代号
触头型式

安装方式代号：
1—螺钉安装
2—卡轨安装

延时范围代号：
1—0.2~30s
2—10~180s

JS 23—□ □／□

3. 时间继电器的选用

时间继电器在选用时主要考虑延时方式（通电延时或断电延时）、延时范围、延时精度要求、外形尺寸、安装方式。

在要求延时范围大、延时精确度高的场合，应选用电动式或电子式时间继电器。当延时精确度要求不高，电源电压波动较大的场合，可选用价格较低的电磁式或气囊式时间继电器。

选型举例　请选择一个时间继电器 KT。控制电路电压为 220V，电流为 5A。

时间继电器作为控制时间元件，主要起延时接通或分断电路作用。因为，控制电路电压220V，电流 5A。

查附录 E 中表 E-2 选时间继电器为 JS7-2A 型（220V，5A），1个。

1.4.3　中间继电器

中间继电器的作用是将一个输入信号变成多个输出信号或将信号放大（即增大触头容量），主要作用是扩充辅助触头的数量。

中间继电器文字符号：KA，实物及图形符号如图 1-1-22 所示。

1. 基本结构及工作原理

中间继电器的结构和工作原理与接触器类似，不同之处在于中间继电器没有主触头。

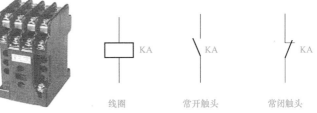

图 1-1-22　中间继电器实物及图形符号

2. 分类及型号

中间继电器按电压分为两类：一类是用于交直流电路中的 JZ 系列，另一类是只用于直流操作的各种继电保护线路中的 DZ 系列。

中间继电器的型号及含义如下：

3. 中间继电器的选用

因为中间继电器的主要作用是扩充辅助触头的数量，当其他电器的触头对数不够用时，可借助中间继电器来扩展触头数。

在选择时主要考虑中间继电器所在的控制电路电压和所需触头数量。

选型举例　请选择控制电动机 M 的中间继电器 KA。控制电路电压为 220V。

中间继电器主要是扩充辅助触头的数量，控制电路电压为 220V，电流为 5A。

查附录 E 中表 E-3 选：中间继电器为 JZ7-44 型（220V，5A），1个。

1.4.4　速度继电器

速度继电器又称为反接制动继电器，它的主要作用是与接触器配合，实现对电动机的制动。

速度继电器文字符号：KS，图形符号如图 1-1-23 所示。

图 1-1-23　速度继电器的图形符号

1. 基本结构及工作原理

速度继电器的基本结构如图 1-1-24 所示，它主要由转子、圆环（笼型空心绕组）和触头三部分组成。其中转子由永久磁铁制成，与电动机同轴相连，用以接收转动信号。当转子（磁铁）旋转时，笼型绕组切割转子磁场产生感应电动势，形成环内电流。转子转速越高，这一电流就越大。此电流与磁铁磁场相互作用，产生电磁转矩，圆环在此转矩的作用下带动摆锤克服弹簧弹力而顺着转子转动的方向摆动，并拨动触头改变其通断状态（在摆锤左右各设一组切换触头，分别在速度继电器正转和反转时发生作用）。调节弹簧弹力，可使速度继电器在不同转速时切换触头，改变触头通断状态。

速度继电器的动作速度一般不低于 120r/min。复位转速约在 100r/min 以下，且该数值可以调整。工作时，允许的转速高达 1000～3600r/min。由速度继电器的正转和反转切换触头的动作，来反映电动机转向和速度的变化。

2. 型号

常用的速度继电器有 JY1 系列和 JFZ0 系列。其中 JY1 系列能在 3000r/min 以下可靠工作；JFZ0 系列有两对常闭触头和两对常开触头，JFZ0-1 型适用于 300～1000r/min，JFZ0-2 型适用于 1000～3600r/min。

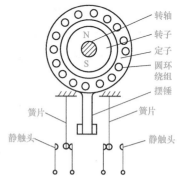

图 1-1-24　速度继电器的基本结构

3. 速度继电器的选用

速度继电器主要是根据其旋转元件的速度而动作的继电器。选用时主要考虑速度继电器转速和所在的控制电路电压、所需触头数量。

1.5　主 令 电 器

主令电器是用作闭合或断开控制电路、以发出指令或作程序控制的开关电器。它包括按钮、行程开关 、万能转换开关等，其中按钮是最常用的主令电器。

1.5.1　按钮

按钮文字符号：SB，实物及图形符号如图 1-1-25 所示。

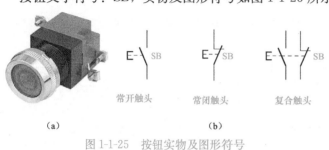

图 1-1-25　按钮实物及图形符号

(a) 实物图；(b) 符号

1. 基本结构及工作原理

为了适应不同控制系统的要求，按钮的结构形式很多，常见结构如图 1-1-26 所示。一般按钮既有常开触头也有常闭触头。常态时，按钮在复位弹簧的作用下，由桥式动触头将静触头1、2闭合，静触头 3、4 断开；按下时，桥式动触头将 1、2 分断，3、4 闭合。1、2 称为常闭触头，3、4 称为常开触头。

2. 型号及含义

常用的按钮型号有 LA2、LA18、LA19、LA20 及新型号 LA25 等系列。其中 LA18 系列按钮采用积木式结构，触头数量可按需要进行拼装；LA19 系列为按钮与信号灯的组合，按钮兼作信号灯灯罩，用透明塑料制成。引进生产的有瑞士 EAO 系列、德国 LAZ 系列等。其中 LAZ 系列有一对常开触头和一对常闭触头，它具有结构简单、动作可靠、坚固耐用的优点，应用较为广泛。

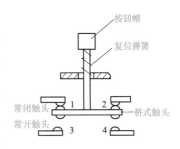

图 1-1-26　按钮的结构

控制按钮的型号及含义如下：

3. 按钮的选用

为表明按钮的作用，避免误操作，通常将按钮帽做成红、绿、黑、黄、蓝、白、灰等色。国家标准 GB 5226.1—2008《机械电气安全 机械电气设备 通用条件：第 1 部分》对按钮颜色作了如下规定：

（1）"停止"和"急停"按钮必须是红色。当按下红色按钮时，必须使设备断电，停止工作。

（2）"起动"按钮的颜色是绿色。

（3）"起动"与"停止"交替动作的按钮必须是白色、黑色或灰色，还可以选择绿色，不得用红色。

（4）"点动"按钮必须是黑色。

（5）"复位"按钮（如保护继电器的复位按钮）必须是蓝色、白色、黑色或灰色，不允许使用绿色。当复位按钮还有停止的作用时，则必须是红色。

选择按钮时，应根据使用场合选择控制按钮的种类，如开启式、保护式、防水式、防腐式；根据用途，选择合适的形式，如旋钮式、带指示灯式、钥匙式、紧急式等；根据工作状态指示和工作情况的要求，选择按钮的颜色。

选型举例　请选择控制电动机 M 的起动按钮 SB1、停止按钮 SB2。控制电路电压为 220V。

控制电路电压 220V，电流 5A。起动按钮必须为绿色，停止按钮必须为红色。

查表 F-1 选按钮为 LA20-11，直径为 24mm，绿色 1 个、红色 1 个，220V，5A。

1.5.2　行程开关

行程开关为根据生产机械的行程发出命令以控制其运行方向或行程长短的主令电器。行程开关常安装于生产机械行程终点处，以限制运动部件的行程，广泛用于各类机床和起重机械中。

行程开关文字符号：SQ，实物及图形符号如图 1-1-27 所示。

1. 基本结构及工作原理

行程开关种类很多，不同类型间的主要区别在于传动操作方式和传动头形状。按传动头的结构，有直动式、滚轮直动式、杠杆单轮式、双轮式、滚动摆杆可调式、杠杆可调式等几种。

行程开关的基本结构如图 1-1-28 所示。它主要由三部分组成：操作机构、触头系统和外壳。工作原理与按钮类似。常态时，在复位弹簧的作用下，由桥式动触头与静触头闭合，与静触头断开；当生产机械顶下推杆时，桥式动触头将上端的动触头分断，静触头闭合。1、2 称为常闭触头，3、4 称为常开触头。

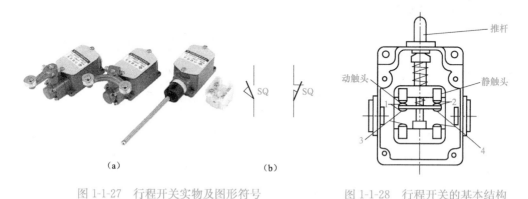

图 1-1-27　行程开关实物及图形符号
(a) 实物；(b) 图形符号

图 1-1-28　行程开关的基本结构

2. 型号及含义

常用的行程开关有 LX1、LX2、LX19、LX33 等系列，其型号及含义如下：

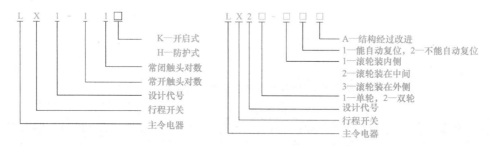

3. 行程开关的选用

行程开关在选用时，主要根据机械位置对开关形式的要求和控制线路对触头的数量要求以及电流、电压等级来确定其型号。

选型举例　请选择控制电动机 M 的行程开关 SQ。控制电路电压为 220V。

控制电路电压 220V，电流 5A，需一对常开触头。查表 F-2 选 SQ 为 JLXK1-511 型 (220V，5A)，1 个。

1.5.3　万能转换开关

万能转换开关主要适用于交流 50Hz、额定工作电压 380V 及以下、直流压 220V 及以下、额定电流至 160A 的电气控制线路中，实现各种控制线路的转换、电压表及电流表的换相测量控制、配电装置线路的转换和遥控等。万能转换开关还可以用于直接控制小容量电动机的起动、调速和换向。

万能转换开关文字符号：SA，实物及图形符号如图 1-1-29 所示。

1. 基本结构及工作原理

万能转换开关由操作机构、面板、手柄及数个触头座等主要部件组成，如图 1-1-30 所示。

中间带凹口的凸轮可以转动，每对触头与凹口相时导通。实际中的万能转换开关不止图 1-1-30 中所示的一层，而是由多层相同的部分组成。触头不一定正好是 3 对，凸轮也不一定只有一个凹口。当转动手柄至不同挡位时，六角轴带动相应的动触头闭合，其他触头断开。

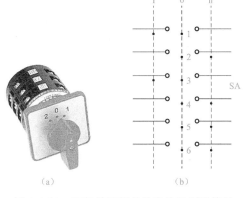

图 1-1-29 万能转换开关的实物及图形符号
(a) 实物；(b) 图形符号

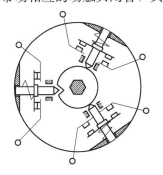

图 1-1-30 万能转换开关结构示意图

各触头在手柄转到不同挡位时的通断状态用黑点"•"表示，有黑点者表示此触头闭合，无黑点者表示此触头断开。

2. 型号及含义

目前常用的万能转换开关有 LW2、LW5、LW6、LW8、LW12 和 LW15 等系列。其中 LW12 系列符合国际 IEC 有关标准和国家标准，该产品采用一系列新工艺、新材料，性能可靠、功能齐全，能替代目前全部同类产品。

万能转换开关的型号及含义如下：

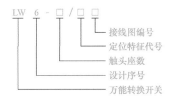

3. 万能转换开关的选用

万能转换开关一般用于交流 500V、直流 440V、约定发热电流 20A 以下的电路中，作为电气控制线路的转换和配电设备的远距离控制、电气测量仪表转换，也可用于小容量异步电动机、伺服电动机、微特电动机的直接控制。

万能转换开关可按下列要求选用：

(1) 按额定电压和额定电路选用合适的万能转换开关系列。

(2) 按操作需要选定手柄形式和定位特性。

(3) 按控制要求参照转换开关样本确定触头数量和接线图编号。

(4) 选择面板形式及标志。

1.6 信 号 灯

信号灯又称指示灯，在电路中用作灯光指示信号。

（a） （b）

图 1-1-31 信号灯实物及图形符号

（a）实物；（b）图形符号

信号灯文字符号：HL，实物及图形符号如图 1-1-31 所示。

1. 基本结构及工作原理

信号灯由灯座、灯罩、灯泡和外壳组成。灯罩由有色玻璃或塑料制成，通常有红、黄、绿、乳白、橙色、无色等六种颜色。

2. 型号及含义

我国生产的信号灯主要系列有 AD1、AD2、AD11、XDJ1、XDY1 等系列。其中 AD1 的灯泡有白炽灯和氖灯两种，采用变压器或电阻降压；AD2 为白炽灯，采用电容降压；XDJ1 采用发光二极管作为灯泡；AD11 系列为半导体节能信号灯。

信号灯的型号及含义如下：

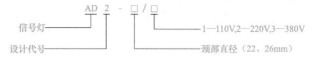

信号灯 ——————— 1—110V，2—220V，3—380V

设计代号 ——————— 颈部直径（22、26mm）

3. 信号灯的选用

信号灯在选用时，应遵循以下原则：

（1）根据使用场合选择信号灯的种类。

（2）根据用途，选合适的形式。

（3）根据工作状态指示和工作情况的要求，选信号灯的颜色。

1）绿色是安全色，比如设备停止运行、没有危险时的情况下就可用绿色。电动机的停止就可以使用绿色。

2）红色是危险色，比如电动机运行、急停后的状态或故障后的状态颜色就使用红色。

3）白色是状态色，如果设备投入运行，并没有危险，只是表示一种状态，就使用白色。

选型举例 请选择某电气控制柜的电源指示灯 HL1、HL2、HL3。

电气控制柜的指示灯电路与控制电路相同，电压均为 220V，电流均为 5A。因为是运行指示灯，颜色选为红色。

查附录 G 选 HL1、HL2、HL3 为 AD1-22/212（220V，5A）红色，直径为 22mm。

电动机基本控制线路

电气控制系统是由若干电器元件按照一定要求连接而成。为了表述机械设备电气控制系统的构造、原理等设计意图，同时也为了便于电器元件的安装、调整和维修，需要将电气控制系统中各电器元件的连接关系用一定的图形反映出来，这个图形称为电气图。电气图中所有的电器元件用规定的文字符号和图形符号表示，用线号（或接点编号）表示各器件之间的导线和连接等。

为了便于交流与沟通，我国参照国际电工委员会（IEC）颁布的有关文件，制定了电气设备有关国家标准，颁布了 GB/T 4728《电气简图用图形符号》和 GB/T 20939—2007《技术产品及技术产品文件结构原则　字母代码　按项目用途和任务划分的主类和子类》系列标准，规定从 2009 年 1 月 1 日起，电气图中的图形符号和文字符号必须符合最新的国家标准。本书电器元件的文字符号和图形符号全部符合最新的国家标准。电气控制线路中常用图形符号和文字符号见表 1-2-1。

表 1-2-1　　　　　　　　　电气控制线路中常用图形符号和文字符号表

名称	图形符号	文字符号	名称	图形符号	文字符号
交流发电机	(G)	GA	交流伺服电动机	(SM)	SM
交流电动机	(M)	MA	直流测速发电机	(TG)	TG
三相笼型异步电动机	(M 3~)	MC	交流测速发电机	(TG)	TG
绕线转子三相异步电动机	(M 3~)	MW	步进电动机	(M)	TG
			双绕组变压器	⊗⊗ 或	T
直流发电机	(G)	GD	电压互感器		TV
直流电动机	(M)	MD	电流互感器		TA
直流伺服电动机	(SM)	SM	接地	⏚	E, PE

25

续表

名称	图形符号	文字符号	名称	图形符号	文字符号
接机壳或接底板		PU	中间继电器线圈		KA
单极刀开关		QS	中间继电器常开触头		KA
三极刀开关		QS	中间继电器常闭触头		KA
断路器		QF	过电流继电器线圈	$I \geqslant$	KA
三极断路器		QF	欠电压继电器线圈	$U \leqslant$	KV
位置开关常开触头		SQ	通电延时线圈		KT
位置开关常闭触头		SQ	断电延时线圈		KT
复合位置开关		SQ	延时闭合常开触头		KT
常开按钮	E	SB	延时断开常开触头		KT
常闭按钮	E	SB	延时闭合常闭触头		KT
复合按钮	E	SB	延时断开常闭触头		KT
交流接触器线圈		KM	热继电器热元件		FR
接触器主触头		KM	热继电器常闭触头		FR
接触器常开辅助触头		KM	熔断器		FU
接触器常闭辅助触头		KM	端子	o	X

名称	图形符号	文字符号	名称	图形符号	文字符号
电磁铁	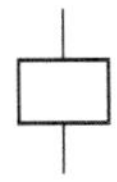	YA	NPN 型晶体管	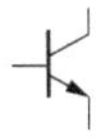	VT
电磁制动器	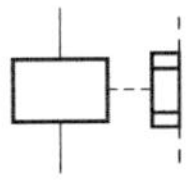	YB	PNP 型晶体管	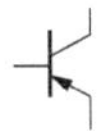	VT
电磁离合器	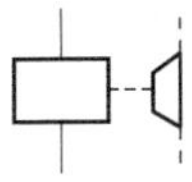	YC	晶闸管	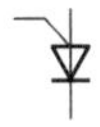	VT
电流表	Ⓐ	PA	控制电路用电源整流器	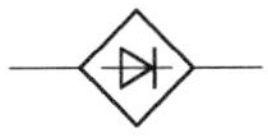	VC
电压表	Ⓥ	PV	电抗器		L
电能表	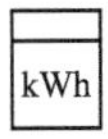 kWh	PJ	电容器一般符号		C
电阻器		R	极性电容器	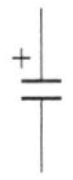	C
电位器	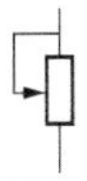	RP	照明灯	⊗	EL
			信号灯		HL
压敏电阻	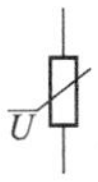	RV	电铃		B
二极管		VD	蜂鸣器		B

2.1　电动机直接起动控制线路

在许多工矿企业中，三相笼型异步电动机的数量占电力拖动设备总数的 85% 左右。在变压器容量允许的情况下，三相笼型异步电动机应该尽可能采用全电压直接起动，这样既可以提高控制电路的可靠性，又可以减少电器元件使用量及维修工作量，降低运维成本。

电动机直接起动控制线路常用于只需要单方向运转的小功率电动机控制，例如小型通风机、水泵以及带运输机等机械设备的拖动电动机控制。它是一种最常用、最简单的控制线路，能实现对电动机的起动、停止的自动控制、远距离控制、频繁操作等。

电动机直接起动控制线路如图 1-2-1 所示。它分为主电路和控制电路两部分，由刀开关 QS、熔断器 FU、接触器 KM、热继电器 FR、按钮 SB1/SB2 等电器元件及电动机组成。

（1）主电路。三相电源到电动机的电路，由刀开关、熔断器、接触器主触头、热继电器

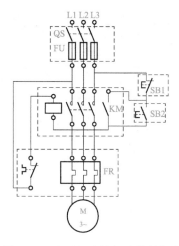

图 1-2-1 电动机直接起动控制线路

热元件组成。

（2）控制电路。由按钮、接触器吸引线圈、热继电器辅助触头等组成。

像图 1-2-1 那样，把同一电器各工作部件集中在一起，将各部件按实际位置画出，就形成了电气控制系统的安装布置图。在图 1-2-1 所示的安装布置图中，主电路和控制电路混在一起，不便于分析控制系统的工作原理，不便于读图。因此，人们就想到将主电路画在一边，控制电路画在另一边，从而形成了控制线路的电气原理图，如图 1-2-2 所示。

设计原理图时注意：同一电器上的各工作部件，必须标以相同文字符号；同一电器上各工作部件分散画在各处，但它们的动作相互关联。

一、控制方案

设计一台单向转动的电动机长期工作、自由停车的直接起动控制线路。根据这一要求，采用边分析、边设计的方法进行电路设计。用刀开关将电源引入，用交流接触器 KM 主触头控制电动机通电、断电，用熔断器作为短路保护、热继电器作为过载保护，用常闭按钮作为起动按钮、常开按钮作为停止按钮。

接触器主触头的闭合与否取决于接触器 KM 的电磁线圈，所以设计控制电路，实际上是设计接触器线圈何时通电、何时断电。又由于起动按钮动作过程为：按下按钮时触头闭合，手离开时触头断开。因此，要在起动按钮两端并联接触器 KM 的常开辅助触头形成自锁。

自锁是依靠接触器自身的常开辅助触头而使其线圈保持通电状态的现象。在这里，按下起动按钮电动机运转，等手离开起动按钮后，虽然按钮断开，但由于接触器 KM 线圈通电，其常开辅助触头为 KM 线圈通电提供了通路，保证主电路中 KM 的主触头仍然闭合，电动机仍运转。这个常开辅助触头称为自锁触头。

设计完成的电动机直接起动控制线路电气原理图如图 1-2-2 所示。

二、工作原理

在图 1-2-2 中，合上刀开关 QS，引入三相电源。

1. 起动

按下起动按钮 SB1，接触器 KM 线圈得电，

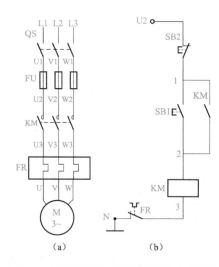

图 1-2-2 电动机直接起动控制线路电气原理图
（a）主电路；（b）控制电路

KM 上所有触头均动作。KM 的主触头闭合，使电动机 M 运转；与 SB1 并联的 KM 常开辅助触头闭合，形成自锁。

2. 停止

按下停止按钮 SB2，KM 线圈失电，KM 上所有触头复位。KM 主触头断开，电动机 M 停转；KM 常开辅助触头断开，失去自锁。

三、保护环节

电气控制系统在满足生产工艺控制要求的同时，还需要有控制线路的保护环节，这是考虑生产过程中有可能发生故障或不正常情况，引起电流增大、电压和频率降低或升高，致使生产过程中电气设备和工艺指标失衡，破坏正常工作或导致生产设备的损坏。在电气控制线路中主要的保护环节有短路保护、过载保护和欠（失）电压保护等。在图 1-2-2 所示电路中，主要涉及了以下三种保护类型。

1. 短路保护

由熔断器 FU 完成。当电路发生短路故障时，熔断器熔丝熔断，KM 线圈失电，KM 上所有触头复位。KM 主触头断开，电动机 M 停转。

2. 过载保护

由热继电器 FR 完成。当电路出现过载时，FR 中的双金属片发生变形，而使 FR 常闭触头断开，使 KM 线圈失电，KM 上所有触头复位。KM 主触头断开，电动机 M 停转。

3. 失电压保护

由接触器 KM 完成。当失（欠）电压时，KM 释放，KM 主触头断开，电动机 M 停转。

四、电路改进

在图 1-2-2 所示的直接起动控制线路的基础上，可以稍加改进，形成具有不同功能的电气控制线路。

1. 既能点动又能长期工作的电气控制线路

有些生产机械要求既能正常工作，又能实现调整时的点动。所谓点动，即按下按钮时电动机运行工作，松开按钮电动机停转。

保持图 1-2-2（a）所示主电路不变，控制电路改为图 1-2-3（a）所示。合上刀开关 QS，引入三相电源。

点动时，先断开钮子开关 S，再按下起动按钮 SB1，KM 线圈得电，同时，KM 的主触头闭合，与 SB1 并联的 KM 常开辅助触头闭合，但是因钮子开关断开无法形成自锁，电动机 M 只能在按下按钮 SB1 时点动运转。

长期工作时，先合上钮子开关 S，再按下起动按钮 SB1，接触器 KM 线圈得电，其所有触头均动作。KM 的主触头闭合，电动机 M 运转。与 SB1 并联的 KM 常开辅助触头闭合，形成自锁，电动机 M 一直运转。按下停止按钮 SB2，线圈 KM 失电，KM 主触头断开，KM 常开辅助触头断开失去自锁，

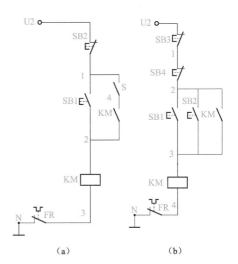

图 1-2-3　电动机直接起动控制线路的改进

（a）点动、长动控制电路；（b）两地控制电路

电动机 M 停转。

图 1-2-3（a）所示电路采用钮子开关实现，读者可以考虑采用复合按钮设计既能点动又能长期工作的控制线路。

2. 多地控制线路

在大型设备中，为了操作方便，常常要求能够在多个地点进行控制。图 1-2-3（b）所示为多地控制线路。图中将放在各处的起动按钮并联，按下任意一处的起动按钮后，都能使接触器 KM 线圈通电并形成自锁，电动机正常运行；放在各处的停止按钮串联，当按下任意一处的停止按钮后，都能使接触器 KM 线圈失电，电动机停转。

2.2 电动机正反转控制线路

在工程中需要电动机正反转的设备很多，如电梯、塔式起重机、桥式起重机等。由电动机原理可知，为达到电动机反向旋转目的，只要将电动机三根相线中的任意两根对调即可。

一、控制方案

电动机正反转控制线路如图 1-2-4 所示。控制线路中 KM1 控制电动机正转、KM2 控制电动机反转，用两个起动按钮分别控制两个接触器线圈的通电，用一个停止按钮控制接触器断电。同时要考虑两个接触器不能同时通电，以免造成电源相间短路。为此将接触器的常闭辅助触头加在对方线圈回路中，形成互锁。

当要求甲接触器工作时乙接触器不能工作，而乙接触器工作时甲接触器不能工作，只需在两个接触器线圈回路中互相串联对方的常开辅助触头，便可达到相互制约的目的，称为互锁。

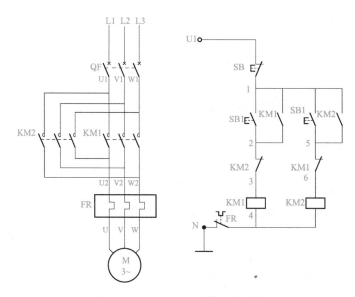

图 1-2-4 电动机正反转控制线路

二、工作原理

合上断路器 QF，引入三相电源。

1. 正转

按下起动按钮 SB1，KM1 线圈得电，其所有触头均动作。KM1 的主触头闭合，电动机 M 正转。与 SB1 并联的 KM1 常开辅助触头闭合，形成自锁。KM1 常闭辅助触头断开，使 KM2 线圈不能得电，形成互锁。

2. 停车

按下停止按钮 SB，KM1 线圈失电，继而 KM1 主触头断开，电动机 M 停转。KM1 常开辅助触头断开，失去自锁。KM1 常闭辅助触头断开，失去互锁。

3. 反转

按下起动按钮 SB2，KM1 线圈得电，其所有触头均动作。KM2 的主触头闭合，电动机 M 反转。与 SB2 并联的 KM2 常开辅助触头闭合，形成自锁。KM2 常闭辅助触头断开，使 KM1 线圈不能得电，形成互锁。

图 1-2-4 所示电路中，若在正转过程中要求电动机反转，则必须先按下停止按钮 SB，让接触器 KM1 线圈断电，互锁触头 KM1 闭合，才能按反转起动按钮 SB2 使电动机反转，操作很不方便。为了解决这个问题，在生产上常采用复式按钮和触头双重互锁的控制线路，读者可自行设计。

2.3 多台电动机顺序控制线路

工程实际中由多台电动机拖动的控制设备，有时需要按一定的顺序起动和停止，即要求实现顺序控制。如锅炉房的鼓风机和引风机控制，为了防止倒烟，要求起动时先引风后鼓风，停止时先鼓风后引风。这种相互联系又相互制约关系，称为联锁；实现联锁作用的触头，称为联锁触头。

2.3.1 简单顺序控制线路

1. 控制方案

图 1-2-5 所示控制线路控制两台电动机 M1、M2，要求 M1 起动后，M2 才可以起动；M2 停车以后，M1 才可以停车，或同时停车。

图 1-2-5 (a) 所示为主电路，断路器 QF 为电源引入开关，并起到失电压保护的作用。接触器 KM1、KM2 的主触头分别控制两台电动机 M1、M2 的起停。热继电器 FR1、FR2 分别作为两个电动机的过载保护。

在图 1-2-5 (b) 所示控制电路中，在后起动的 KM2 线圈回路中串联先起动接触器 KM1 的常开辅助触头，来制约电动机 M2 后起动；图 1-2-5 (c) 所示控制电路中，将 KM2 线圈回路的起点放在 M1 起动按钮 SB1 的下方，后停的电动机 M1 停止按钮 SB4 两端并联先停接触器 KM2 线圈的常开辅助触头，即可达到后停的目的。

2. 工作原理

图 1-2-5 (a) 所示主电路中，合上断路器 QF，引入三相电源。

以图 1-2-5 (c) 所示的控制电路为例，分析简单顺序控制电路的工作原理。

(1) 起动。按下起动按钮 SB1，KM1 线圈得电，其所有触头均动作。KM1 的主触头闭合，使电动机 M1 运转。与 SB1 并联的 KM1 常开辅助触头闭合自锁，与 KM2 线圈串联的 KM1 常开辅助触头闭合，为 M2 电动机起动做准备。按下 SB2 起动按钮，KM2 线圈得电，

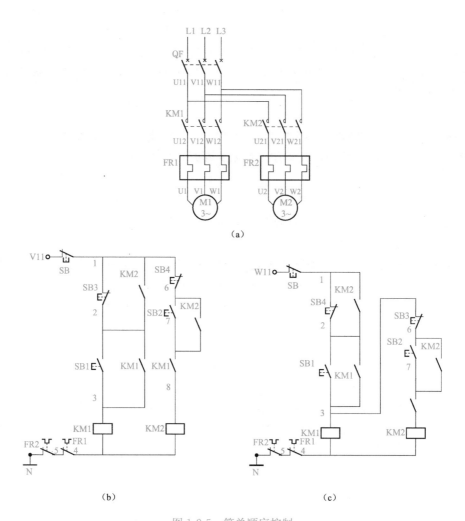

图 1-2-5 简单顺序控制

（a）主电路；（b）顺序控制电路（一）；（c）顺序控制电路（二）

其所有触头均动作。KM2 的主触头闭合，电动机 M2 起动。与 SB2 并联的 KM2 常开辅助触头闭合自锁，与 SB4 并联的 KM2 常开辅助触头闭合，保证 M1 电动机在 M2 电动机停车后才停转（联锁）。

（2）停车。按下 M2 电动机停止按钮 SB3，KM2 线圈失电，KM2 主触头断开，电动机 M2 停转。与 SB2 并联的 KM2 常开辅助触头断开失去自锁，与 SB4 并联的 KM2 常开辅助触头断开失去联锁。按下停止按钮 SB4，KM1 线圈失电，KM1 主触头断开，电动机 M1 停转，KM1 常开辅助触头断开（失去自锁）。

2.3.2 有时间要求的顺序控制线路

1. 控制方案

在工程实际中，常需要满足一定时间要求的顺序控制。如要求电动机 M1 运转 5s 后，电动机 M2 自动运转。这显然需要采用时间继电器 KT 配合实现，即用时间继电器延时闭合的常开触头来实现这种自动转换，如图 1-2-6 所示。

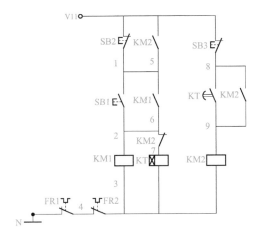

图 1-2-6　有时间要求的顺序控制电路

2．工作原理

合上断路器 QF，引入三相电源。

（1）起动。按下起动按钮 SB1，KM1 线圈得电，其所有触头均动作，同时时间继电器 KT 线圈得电。KM1 的主触头闭合，电动机 M1 起动，与 SB1 并联的 KM1 辅助触头闭合自锁。时间继电器 KT 线圈得电开始计时，达到 KT 设定的 5s 时间后，KT 的延时常开触头闭合，KM2 线圈得电，KM2 所有触头均动作。KM2 的主触头闭合后电动机 M2 运转，与 KT 延时常开触头并联的 KM2 常开辅助触头闭合形成自锁。KM2 常闭辅助触头断开，KT 线圈断电。与 SB2 并联的 KM2 常开辅助触头闭合，保证 M1 在 M2 停转后才停转（联锁）。

（2）停车。按下停止按钮 SB3，KM2 线圈失电，KM2 所有触头复位。KM2 的主触头断开，电动机 M2 停车。与 KT 延时常开触头并联的 KM2 常开辅助触头断开失去自锁。与 SB2 并联的 KM2 常开辅助触头断开，为 M1 电动机停转做准备。按下停止按钮 SB2，KM1 线圈失电，KM1 所有触头复位。KM1 主触头断开，电动机 M1 停转。

2.4　三相笼型异步电动机起动控制线路

直接起动时，电动机的起动电流能达到额定电流的 4～7 倍。起动电流过大会使线路上压降增加，造成末端电压下降，起动转矩减小，且影响其他用电设备用电；使线路损耗及电动机绕组铜损增加，造成电动机过热，减少电动机使用寿命。

为了防止电动机起动电流过大，常利用起动设备将电源电压适当降低后加到电动机定子绕组上，以限制电动机的起动电流。待电动机转速升高到接近额定转速时，再将电动机定子绕组上的电压恢复到额定值，这种起动过程称为降压起动。三相笼型异步电动机常用的降压起动方式有定子绕组串电阻（或电抗）降压起动、星—三角降压起动、自耦变压器降压起动等几种方式。

2.4.1　定子绕组串电阻（或电抗）降压起动

1．控制方案

定子绕组串电阻（电抗）降压起动控制的具体方法是：在电动机起动过程中，利用定子侧串接电阻（电抗）来降低电动机的端电压，以达到限制起动电流的目的。当起动结束后，应将所串接的电阻（电抗）短接，使电动机进入全电压稳定运行的状态。串接的电阻（电抗）称为起动电阻（电抗），起动电阻的短接时间由时间继电器自动控制。

2．工作原理

定子绕组串电阻的降压起动控制线路如图 1-2-7 所示。工作过程分析如下：

合上断路器 QF，引入三相电源。

（1）起动。按下起动按钮 SB1，KM1 线圈得电，KM1 所有触头均动作，同时时间继电器 KT 线圈得电。KM1 的主触头闭合，电动机 M 起动，KM1 常闭辅助触头断开互锁。与

SB1 并联的 KT 瞬时常开触头闭合形成自锁，KT 线圈得电。达到 KT 设定的起动时间后，KT 延时常开触头闭合，同时延时常闭触头断开，使 KM1 线圈断电，KM1 所有触头均复位。KM1 常闭辅助触头闭合，KM2 线圈得电，KM2 所有触头均动作。KM2 的主触头闭合，电动机 M 运转，KM2 常开辅助触头闭合自锁，KM2 常闭辅助触头断开保证 KM1 线圈不会得电（互锁），同时 KT 线圈断电，电动机 M 正常运行。

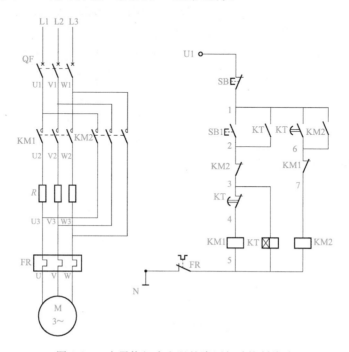

图 1-2-7　定子绕组串电阻的降压起动控制线路

（2）停止。按下停止按钮 SB，KM2 线圈失电，KM2 所有触头均复位。KM2 主触头断开，电动机 M1 停转；KM2 常开辅助触头断开，失去自锁。

2.4.2　星—三角降压起动

1. 控制方案

星形—三角形（简称星—三角）（Y-△）降压起动适用于正常运行时定子绕组接成三角形的三相笼型异步电动机。电动机定子绕组接成三角形时，每相绕组所承受的电压为电源的线电压（380V）；而接成星形时，每相绕组所承受的电压为电源的相电压（220V）。在电动机起动时，定子绕组先作星形联结，待起动结束后再自动改接成三角形，便可达到起动时降压的目的。在图 1-2-8 所示的星—三角降压起动控制线路中，控制电路采用三个接触器，其中 KM 负责给电动机送电、KM△控制电动机作三角形联结、KMY 控制电动机作星形联结。

2. 工作原理

合上断路器 QF，引入三相电源。

（1）起动。按下起动按钮 SB1，KM 线圈得电，KM 所有触头动作，KM 常闭辅助触头闭合自锁。同时 KMY 线圈得电使 KMY 上所有触头动作，KMY 的主触头闭合电动机 M1 起动，KMY 常闭辅助触头断开形成互锁。KT 线圈得电，达到 KT 设定的电动机 M1 起动时间后，KT 延时常开触头闭合，延时常闭触头断开，KMY 线圈断电，KMY 所有触头均复位。

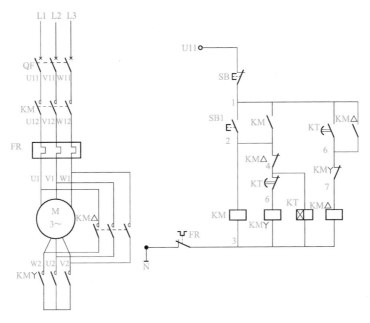

图 1-2-8   星-三角降压起动控制线路

KMY 常闭辅助触头闭合，使 KM△ 线圈得电，KM△ 所有触头均动作。KM△ 的主触头闭合，使电动机 M 在全电压下运转，KM△ 常开辅助触头闭合自锁，KM△ 常闭辅助触头断开，保证 KMY 不会得电（互锁），同时 KT 线圈断电，电动机正常运行。

（2）停止。按下停止按钮 SB，KM 线圈与 KM△ 线圈同时失电，KM 与 KM△ 所有触头复位。KM 主触头断开，KM△ 主触头断开，电动机 M 停止运转。

2.4.3   自耦变压器降压起动

1. 控制方案

定子串自耦变压器 TU 降压起动过程中，电动机起动电流的限制是依靠自耦变压器的降压作用来实现的。电动机起动时，串接自耦变压器，使定子绕组得到的电压为自耦变压器降压后的二次电压。起动结束后，自耦变压器被切除，电动机便在全电压下稳定运行。通常习惯称这种自耦变压器为起动补偿器。图 1-2-9 所示电路采用两个接触器，其中 KM1 控制电动机 M 正常运行，KM2 控制电动机 M 起动。

2. 工作原理

合上断路器 QF，引入三相电源。

（1）起动。按下起动按钮 SB1，KM2 线圈得电，KM2 所有触头均动作，同时时间继电器 KT 线圈得电。KM2 的主触头闭合，电动机 M 起动，KM2 常闭辅助触头断开，与 KM1 互锁。与 SB1 并联的 KT 瞬时常开触头闭合自锁。达到 KT 设定的起动时间后，KT 延时常开触头闭合，同时 KT 延时常闭触头断开，KM2 线圈断电，KM2 所有触头均复位。KM2 常闭辅助触头闭合，KM1 线圈得电，KM1 所有触头均动作。KM1 的主触头闭合，电动机 M 运转，KM1 常开辅助触头闭合自锁，KM1 常闭辅助触头断开，保证 KM2 线圈不会有电（互锁），同时 KT 线圈断电，电动机 M 在全电压下正常运行。

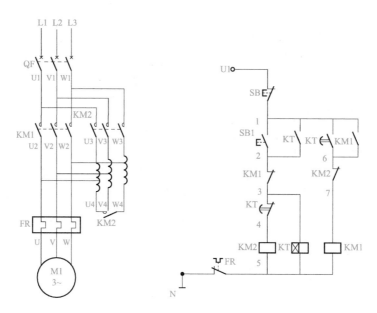

图 1-2-9　自耦变压器降压起动控制线路

（2）停止。按下停止按钮 SB，KM1 线圈失电，KM1 所有触头均复位。KM1 主触头断开，电动机 M 停转，KM1 常开辅助触头断开，失去自锁。

2.5　三相笼型异步电动机制动控制线路

由于惯性的关系，电动机从切断电源到完全停止运转，总要经过一段时间，这往往不能满足某些生产机械，比如电梯、塔式起重机等的工艺要求。同时，为了提高生产效率，要求电动机能够迅速而准确地停转。这时，就需采用某种手段来限制电动机的惯性转动，从而实现机械设备的紧急停车，通常把这种紧急停车的措施称为电动机的"制动"。

异步电动机的制动方法有机械制动和电气制动。机械制动包括电磁离合器制动、电磁抱闸制动等；电气制动包括能耗制动、反接制动、再生发电制动等。

2.5.1　电磁抱闸机械制动

电动机被切断电源以后，利用机械装置而迅速停止转动的制动方法，称为机械制动。应用较为较普遍的机械制动装置有电磁抱闸和电磁离合器两种。这两种装置的工作原理基本相同，本书主要介绍电磁抱闸机械制动控制线路。

1. 控制方案

电磁抱闸器由制动电磁铁和闸瓦制动器组成。其中制动电磁铁由铁心、衔铁、线圈（YB）构成；闸瓦制动器由闸瓦、闸轮组成，闸轮与电动机装在同一轴上。电磁抱闸分为通电制动（电磁抱闸线圈 YB 通电，闸瓦与闸轮抱紧进行制动）和断电制动（线圈 YB 断电，闸瓦与闸轮抱紧进行制动）两种。

图 1-2-10 所示为通电制动的电磁抱闸制动控制线路。KM1 控制电动机 M 正常运转；接触器 KM2 和速度继电器 KS 联合，实现电动机制动控制。

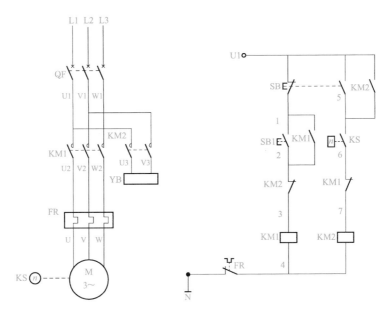

图 1-2-10   通电制动的电磁抱闸制动控制线路

2. 工作原理

合上断路器 QF，引入三相电源。

（1）起动。按下起动按钮 SB1，线圈 KM1 得电，使 KM1 上所有触头动作。其中，KM1 的主触头闭合，电动机 M1 正常运转；KM1 的常开辅助触头闭合形成自锁，KM1 的常闭辅助触头断开形成互锁，电动机 M1 转速达到速度继电器 KS 设定值时，KS 常开触头闭合。

（2）停止。按下复合按钮 SB，线圈 KM1 断电，使 KM1 上所有触头复位。其中，KM1 的主触头断开，电动机 M 断电；KM1 的常开辅助触头断开，失去自锁；KM1 的常闭辅助触头闭合，KM2 线圈得电，KM2 所有触头动作。KM2 的主触头闭合，线圈 YB 得电，闸瓦抱紧闸轮，电动机 M 开始机械制动；KM2 的常开辅助触头闭合自锁；KM2 的常闭辅助触头断开，与 KM1 互锁。当速度降低到速度继电器 KS 设定速度时（此时电动机 M 接近停止），速度继电器 KS 常开触头复位，KM2 线圈失电，KM2 所有触头复位。线圈 YB 断电，闸瓦与闸轮分离。

2.5.2   单向反接制动

反接制动是机床电气设备中小容量电动机（一般在 10kW 以下）经常采用的制动方法之一。它利用三相异步电动机的三根相线中任意两根相线对调，产生和原旋转方向相反的转矩，来平衡电动机的惯性转矩，达到制动的目的。反接制动属于电气制动。

1. 控制方案

图 1-2-11 所示电路为单向反接制动控制线路，由接触器 KM1 控制电动机正常运转，接触器 KM2 将电动机定子绕组电源反接，在时间继电器 KT 配合下实现对电动机 M 的制动控制。

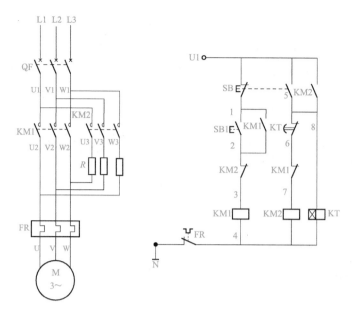

图 1-2-11　单向反接制动控制线路

2. 工作原理

合上断路器 QF，引入三相电源。

（1）起动。按下起动按钮 SB1，KM1 线圈得电，KM1 所有触头动作。KM1 的主触头闭合，电动机 M 正常运转；KM1 的常开辅助触头闭合自锁；KM1 的常闭辅助触头断开，与 KM2 形成互锁。

（2）停止。按下复合按钮 SB，KM1 线圈失电，KM1 所有触头复位。KM1 主触头断开，电动机 M 断电；KM1 的常开辅助触头断开，失去自锁；KM1 的常闭辅助触头闭合，使 KM2 线圈得电，KM2 所有触头动作。KM2 的主触头闭合，电动机 M 开始反接制动，同时时间继电器 KT 线圈得电；KM2 的常开辅助触头闭合自锁；KM2 的常闭辅助触头断开，与 KM1 互锁。当 KT 延时时间到达其设定时间时（此时电动机 M 接近停转），KT 的常闭触头断开，KM2 线圈失电，KM2 所有触头复位。KM2 的主触头断开，电动机 M 断电。

2.5.3　能耗制动

在电动机脱离交流电源后，接入直流电源，这时电动机定子绕组通过直流电流，产生一个静止的磁场，并利用转子感应电流与静止磁场的相互作用产生制动转矩，达到制动的目的，使电动机迅速而准确地停转。

能耗制动也属于电气制动。

1. 控制方案

图 1-2-12 能耗制动控制线路。接触器 KM1 控制电动机 M 正常运转；接触器 KM2 和速度继电器 KS 联合，控制电动机 M 进行能耗制动。

2. 工作原理

合上断路器 QF，引入三相电源。

（1）起动。按下起动按钮 SB1，KM1 线圈得电，KM1 所有触头动作。KM1 的主触头闭合，电动机 M 正常运转；KM1 的常开辅助触头闭合自锁；KM1 的常闭辅助触头断开，与

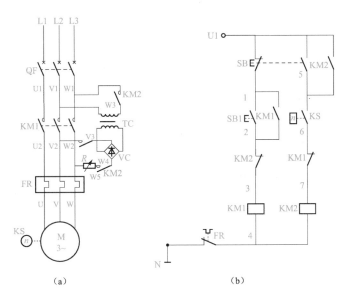

图 1-2-12　能耗制动控制线路

（a）主电路；（b）控制电路

KM2 互锁，电动机 M 转速达到速度继电器 KS 设定值时，KS 常开触头闭合。

（2）停止。按下复合按钮 SB，KM1 线圈断电，KM1 所有触头复位。KM1 的主触头断开，电动机 M 断电；KM1 的常开辅助触头断开，失去自锁；KM1 的常闭辅助触头闭合，KM2 线圈得电，KM2 所有触头动作。KM2 的主触头闭合，电动机 M 的定子绕组通过直流电流，产生一个静止磁场，从而产生制动转矩，促使电动机 M 进入能耗制动状态；KM2 常开辅助触头闭合自锁；KM2 常闭辅助触头断开，与 KM1 互锁。当速度降低到速度继电器 KS 设定速度时（此时电动机 M 接近停止），KS 常开触头断开，KM2 线圈失电，KM2 所有触头复位。KM2 主触头断开，电动机 M 断电。

2.6　三相笼型异步电动机调速控制线路

由转速 $n = 60f(1-s)/p$ 可知，三相异步电动机调速方法有变极对数 p、变转差率 s、变频率 f 三种方法。其中变极数调速一般仅适用于三相笼型异步电动机；变转差率调速可以通过调节定子绕组电压、改变转子回路电路电阻以及采用串级调速来实现；变频调速为当前电力传动的一个主要发展方向，已广泛应用于工业自动控制中，在后续课程中将会学到。在这里只介绍三相笼型异步电动机变极数调速电路。

三相笼型异步电动机改变磁极对数常用的方法有两种：一是改变定子绕组的连接方法，二是在定子上设置具有不同磁极对数的两套互相独立的绕组。有时为了获得更多速度等级（如需要得到三个以上的速度等级），可在同一台电动机同时采用以上两种方法。

一、控制方案

图 1-2-13 所示为 4/2 极的双速异步电动机绕组接线示意图。电动机定子绕组有 6 个接线端，分别为 U1、V1、W1、U2、V2、W2。图 1-2-13（a）中定子绕组为三角形联结，U1、V1、W1 接三相电源，U2、V2、W2 悬空，此时每相绕组中的 1、2 线圈串联，电流方向如

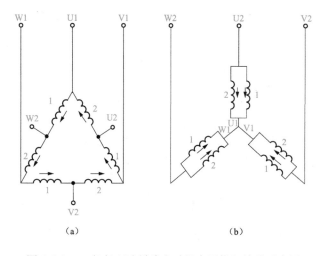

箭头所示。这时电动机 4 极运行，为低速。图 1-2-13（b）中定子绕组为双星形联结，U1、V1、W1 连在一起，U2、V2、W2 接三相电源，此时电动机每相绕组中的 1、2 线圈并联，电流方向如箭头所示。这时电动机 2 极运行，为高速。

必须注意，绕组改极后，其相序方向和原来相序相反。所以，在变极后，必须把电动机电源侧任意两根相线对调，以保持高速和低速时的转向相同。

电动机低速运行由接触器 KM1 控制，电动机高速运行由 KM2 和

图 1-2-13　4/2 极双速异步电动机定子绕组接线示意图
（a）定子绕组三角形联结；（b）定子绕组双星形联结

KM3 两个接触器控制，有手动控制和自动控制两种方式。

二、工作原理

1. 手动控制调速控制线路

4/2 极双速异步电动机调速控制线路（手动控制）如图 1-2-14 所示，工作原理如下。

（1）起动。闭合断路器 QF，按下按钮 SB1，KM1 线圈得电，KM1 主触头闭合、常开辅助触头闭合、常闭辅助触头断开，定子绕组为三角形联结，电动机低速运行。按下按钮 SB2，KM2、KM3 线圈得电，KM2、KM3 主触头闭合、常开辅助触头闭合、常闭辅助触头断开，电动机绕组为双星形联结，电动机高速运行。

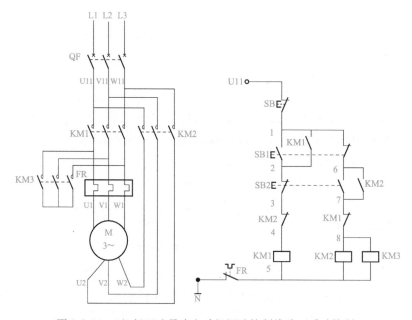

图 1-2-14　4/2 极双速异步电动机调速控制线路（手动控制）

（2）停止。按下控制按钮 SB，线圈 KM2、KM3 失电，KM2、KM3 主触头断开，电动机停止运行。

2. 用时间继电器控制电动机调速运行（自动控制）

4/2 极双速异步电动机调速时间继电器控制电路（自动控制）如图 1-2-15 所示，工作原理如下：

（1）起动。主电路与图 1-2-14 中的主电路相同。闭合断路器 QF，按下按钮 SB1，KM1 线圈得电，KM1 主触头闭合、常开辅助触头闭合、常闭辅助触头断开，电动机绕组接成三角形，电动机低速运行。按下按钮 SB2，时间继电器 KT 线圈得电，KT 瞬时常开触头闭合，过一段时间，KT 延时常开触头闭合，延时常

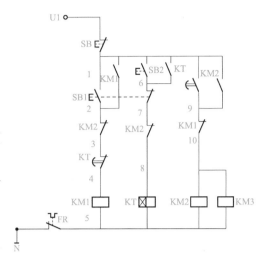

图 1-2-15　4/2 极双速异步电动机调速时间继电器控制电路（自动控制）

闭触头断开，KM2、KM3 线圈得电，KM2、KM3 主触头闭合、常开辅助触头闭合、常闭辅助触头断开，电动机定子绕组接成双星形，电动机高速运行。

（2）停止。按下按钮 SB，线圈 KM2、KM3 失电，KM2、KM3 主触头断开，电动机停止运行。

典型生产机械电气控制技术

- 项目1　CW6163型车床电气控制柜设计与制作
- 项目2　玉米粉碎机电气控制柜设计与制作
- 项目3　打包秤电气控制柜设计与制作

典型生产机械电气控制技术

内容简介

从电气自动化技术专业学生必备的综合职业能力的角度出发，按照 CDIO 工程教育理念进行内容开发，按照"以能力为本位，以职业实践为主线，以真实的生产项目为载体"的总体设计要求，以培养电气控制应用技能和相关职业岗位能力为基本目标，紧紧围绕工作任务完成的需要来选择和组织教学内容，突出工作任务与知识的紧密性。

打破传统的以知识体系的完整性组织教学，而是将知识、技能融入教学项目中，围绕项目开展教学，内容深入浅出，概念清晰，体系严谨，做到重点突出，层次分明，逻辑性强。

学习目的

该篇所选项目全部来自生产实际的真实生产项目，每一个项目都是一个完整生产过程。项目涵盖了电气控制领域中技术和方法。通过学习本项目，学生可以掌握常用的电气控制技术，并掌握设计电气控制系统的方法、实现技巧和综合控制系统调试方法，为学生从事电气控制工作打下良好的基础。

涉及主要技术

电气控制技术、自动控制技术、职业标准、职业规范。

项目特点

与企业专家共同设计并开发了以真实生产项目为载体的教学项目，3 个教学项目的选取具有典型性、实用性、职业性、开放性和可拓展性。教学中采用"教学做"一体的项目教学法，采用 C 构思—D 设计—I 实现—O 运行 4 个步骤进行教学。

CW6163型车床电气控制柜设计与制作

项目任务单

编制部门：　　　　　　编制人：　　　　　　编制日期：

项目编号	1	项目名称	CW6163 型车床电气控制柜设计与制作	学时	16
目的			1. 熟悉 CW6163 型车床的工作过程 2. 熟悉常用电器元件的结构和工作原理 3. 能够设计 CW6163 型车床电气控制系统原理图 4. 能够选择 CW6163 型车床电气控制系统的元器件和设备 5. 能够绘制 CW6163 型车床电气控制系统布置图 6. 能够绘制 CW6163 型车床电气控制系统接线图 7. 编制 CW6163 型车床电气控制系统技术文件		
工艺要求及参数			◆ **CW6163 车床结构简介** ◆ **电动机铭牌参数** 　M1——主电动机：Y160M-4，11kW，380V，23.0A，1460r/min，带动工件旋转 　M2——冷却泵电动机：JCB-22，0.15kW，380V，0.43A，2790r/min，供给冷却液 　M3——快速移动电动机：Y90S-4，1.1kW，380V，2.8A，1400r/min，带动刀架快速移动 ◆ **控制要求** 　1. 冷却泵电动机 M2 起动后，主轴电动机 M1 才能起动；主轴电机 M1 可单独停车 　2. 主轴电动机 M1 可以两地进行起动、停止控制 　3. 快速移动电动机 M3 为点动 　4. 控制柜有电源指示 　5. 车床没工作时有指示 　6. M1、M2 电动机运行时有指示		

续表

工具	1. 多媒体教学设备 2. 计算机 3. 电气控制实训装置 4. 电路设计绘图软件 5. 实用电工手册
提交成果	1. CW6163型车床电气控制系统原理图 2. CW6163型车床电气控制系统布置图 3. CW6163型车床电气控制系统接线图 4. CW6163型车床电气控制柜外观设计图 5. 设计说明书
备注	

1.1　CW6163 型车床工艺概况

1. 结构简介

CW6163 型普通车床可用于各种回转体零件的外圆、内孔、端面、锥度、切槽及公制螺纹、径节螺纹等的车削加工，此外还可以用来进行钻孔、铰孔、滚花等加工，它主要由床身、主轴变速箱、进给箱、溜板箱、溜板、丝杠和刀架等几部分组成，其外形如图 2-1-1 所示。

图 2-1-1　CW6163 型车床的外形

车削加工的主运动是主轴通过卡盘或尖顶带动工件的旋转运动，由主轴电动机通过带传动传到主轴变速箱实现旋转。车削加工一般不要求反转，但在加工螺纹时，为避免乱扣，要反转退刀。加工螺纹时，工件旋转速度与刀具的移动速度之间有严格的比例关系。为此，溜板箱与主轴变速箱之间通过齿轮传动连接。进给运动也由主轴电动机驱动，主轴电动机属长期工作制。车床刀架的快速移动由一台单独的电动机拖动。进行车削加工时，刀架的温度高，需要冷却液来进行冷却。为此，车床备有一台冷却泵电动机，为车削工件时输送冷却液，冷却泵电动机采用笼型异步电动机，属长期工作制。

2. 电动机铭牌参数及功能

M1——主电动机：Y160M-4，11kW，380V，23.0A，1460r/min，带动工件旋转；

M2——冷却泵电动机：JCB-22，0.15kW，380V，0.43A，2790r/min，供给冷却液；

M3——快速移动电动机：Y90S-4，1.1kW，380V，2.8A，1400r/min，带动刀架快速移动。

3. 控制要求

(1) 冷却泵电动机 M2 起动后，主轴电动机 M1 才能起动；主轴电动机 M1 可单独停车。

(2) 主轴电动机 M1 可以两地进行起动、停止控制。

(3) 快速移动电动机 M3 为点动运行。

(4) 电气控制柜有电源指示。

(5) 车床不工作时有指示。

(6) M1、M2 电动机运行时有指示。

1.2 CW6163 型车床主电路、控制电路设计

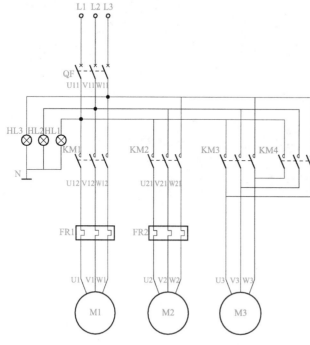

图 2-1-2 CW6163 型普通车床主电路

根据设计要求，主轴电动机的正、反转由机械式摩擦片离合器控制，且根据车削工艺的特点，同时考虑到主轴电动机的功率，确定 M1 采用直接起动控制方式，由接触器 KM1 进行控制。对 M1 设置过载保护（FR1）。冷却泵电动机 M2 由接触器 KM2 控制，因属于长期工作制，设置过载保护（FR2）。快速移动电动机为电动，不用设置过载保护，由两个接触器分别控制其正反转。

CW6163 型车床主电路、控制电分别如图 2-1-2、图 2-1-3 所示。

1. M1、M2 起动

合上断路器 QF，总电源指示灯亮，当按下 SB2 时，由于 KM2 的常开辅助触头是断开的，所以电动机 M1 不能先起动。只有按下 SB1 后，KM2 线圈通电，KM2 主触头闭合，电动机 M2 才能起动。同时，指示灯 HL5 亮；KM2 常开辅助触头闭合，形成自锁；KM2 常开辅助触头（KM1 线圈回路上的）闭合，为 M1 起动做准备。按下 SB2 后，KM1 线圈得电，KM1 主触头闭合，M1 起动。同时，指示灯 HL4 亮；KM1 常开辅助触头闭合，形成自锁。

2. M1、M2 停车

M1 可单独停车。按下 SB3（或 SB4）时，KM1 线圈断电，KM1 主触头断开，M1 停转。同时，指示灯 HL4 灭；KM1 常开辅助触头断开（失去自锁）。

M2 不可单独停车，按下 SB 时，KM1 线圈断电，KM1 主触头断开，KM1 常开辅助触头断开（失去自锁），M1 停转，指示灯 HL4 灭；KM2 线圈断电，KM2 主触头断开，电动机 M2 停转。同时，指示灯 HL5 灭；KM2 常开辅助触头断开（失去自锁）；与指示灯 HL6 串联的 KM2 常闭辅助触头闭合，指示灯 HL6 亮。

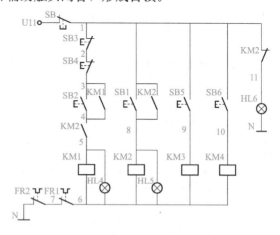

图 2-1-3 CW6163 型普通车床控制电路

3. M3 点动

按下 SB5，KM3 线圈通电，KM3 主触头闭合，电动机 M3 正转；放开 SB5，KM3 线圈断电，KM3 主触头断开，电动机 M3 停转。

按下 SB6，KM4 线圈通电，KM4 主触头闭合，电动机 M3 反转；放开 SB6，KM4 线圈断电，KM4 主触头断开，电动机 M3 停转。

1.3 CW6163 型车床电气控制柜元器件选择

1. 断路器（QF）的选择

QF 是电源开关，主要用于电源的引入及控制 M1、M2、M3 起动、停止和正反转等。因此 QF 选择时主要考虑到电动机的额定电流和起动电流。这里 M1、M3 虽满载起动，但功率小；M1 功率虽大，但为轻载起动。由已知的 M1~M3 的额定电流数值可得

$$I_{30} = 23.0A + 0.43A + 2.8A = 26.23A$$

由此可得

1）$I_{pk} = 2.1I_{stm} + I_{30(n-1)} = 2.1 \times 7 \times 23 + 0.43 + 2.8 = 341.33A$

2）$I_{op(0)} = 2.5I_{pk} = 2.5 \times 341.33 = 853.325A$

3）$I_{op(1)} = 1.1I_{30} = 1.1 \times 26.23A = 28.853A$

查表 B-5 选 DZ20Y-100/3（32A，380V）。该断路器的瞬时脱扣器整定电流为

$$12I_N = 12 \times 32 = 384A < 853.325A$$

不满足要求。

查表 B-5，再选 DZ20Y-100/3（80A，380V）。该断路器的瞬时脱扣器整定电流为

$$12I_N = 12 \times 80 = 960A > 853.325A$$

因此满足要求。

所以断路器 QF 选 DZ20Y-100/3，额定电压为 380V，额定电流为 80A，1 台。

验证：断路器 QF 与被保护线路的配合。这里 $I_{30} = 26.23A$，查附录 A 选导线截面积为 6mm²，$I_{al} = 35A$。但 $I_{al} = 35A < 80A$，即小于断路器的额定电流，所以该导线不满足要求。选导线截面积为 25mm²，$I_{al} = 87A > 80A$，就可以满足要求。

2. 交流接触器（KM1、KM2、KM3、KM4）选择

根据主触头额定电流 $I = (P_N \times 10^3) / (KU_N)$ 来选择交流接触器，经验系数取 1~1.4。

（1）KM1 的选择。KM1 主触头的最小电流为

$$I_1 = (P_N \times 10^3)/(KU_N) = (11 \times 10^3)/(1.4 \times 380) = 20.68A$$

查表 D-2 选 CJ20-25（25A，380V），而 $I_N = 25A > 20.68A$，因此该型号接触器满足 KM1 的要求。所以 KM1 选为 CJ20-25 型接触器，额定电压为 380V，额定电流为 25A，线圈电压为 220V。

（2）KM2 的选择。KM2 主触头的最小电流为

$$I_2 = (P_N \times 10^3)/(KU_N) = (0.15 \times 10^3)/(1.4 \times 380) = 0.28A$$

查表 D-2 选 CJ20-10（10A，380V），而 $I_N = 10A > 0.28A$，因此该款接触器满足 KM2 的要求。所以 KM2 选为 CJ20-10 型接触器，额定电压为 380V，额定电流为 10A，线圈电压为 220V。

（3）KM3、KM4 的选择。KM3 与 KM4 控制电动机 M3 的正反转，因此 KM3 与 KM4

可选择相同型号。这两个接触器主触头的最小电流为

$$I_3 =(P_N \times 10^3)/(KU_N) =(1.1 \times 10^3)/(1.4 \times 380) = 2.07A$$

查表 D-2 选 CJ20-10 型接触器（10A，380V），而 I_N =10A>2.07A，因此该款接触器满足 KM3、KM4 的要求。

3. 热继电器（FR1、FR2）选择

根据电动机的额定电流来选择热继电器。

（1）FR1 的选择。FR1 用来实现电动机 M1 的过载保护。M1 的额定电流为 23.0A，查表 E-1 选 JR20-25（I_N＝25A，U_N＝380V）。这里 I_N＝25A>23.0A，可以实现电动机 M1 的过载保护。因此 FR1 选为 JR20-25 型热继电器，额定电压为 380V，额定电流为 25A。

（2）FR2 的选择。FR2 用来实现电动机 M2 的过载保护。M2 的额定电流为 0.43A，查表 E-1 选 JR20-10（I_N＝10A，U_N＝380V）。这里 I_N＝10A>0.43A，可以实现电动机 M2 的过载保护，因此 FR2 选为 JR20-10，额定电压为 380V，额定电流为 10A。

4. 按钮（SB、SB1～SB6）选择

根据需要的触头数目、动作要求、使用场合、颜色等进行按钮的选择。

查表 F-1 选按钮（SB、SB1～SB6）为 LA20-11 型，按钮直径为 24mm。其中 SB、SB3、SB4 为红色按钮，SB1、SB2 为绿色按钮，SB5、SB6 为黑色按钮。即选 LA20-11 系列的按钮红色 3 个、绿色 2 个、黑色 2 个，额定电压为 220V，额定电流为 5A。

5. 信号灯（HL1～HL6）选择

控制电路电压为 220V，电流为 5A，查附录 G 选信号灯为 AD1-22/212 型。其中 HL1、HL2、HL3、HL4、HL5 为红色，HL6 为绿色，直径为 22mm。

6. 导线的选择

穿管导线的最小截面积为 2.5mm²，在这个限制下选择电源进线和电动机的接线。

（1）电源进线的选择。断路器 I_N＝80A，电源进线穿钢管。查附录 A 选电源进线的截面积为 25mm²，中性线、接地线的截面积为 10mm²。

（2）电动机接线的选择。要求导线的允许载流量要大于电动机的额定电流，电动机接线穿塑料管。查附录 A 选接电动机 M1 的导线截面积为 6mm²，接电动机 M2 的导线截面积为 2.5mm²，接电动机 M3 的导线截面积为 2.5mm²。

接线端子排和面板的连线使用软线且控制电路中电流为 5A，所以取截面积为 1.5mm² 的导线即可。

根据上述分析，可列出 CW6163 型车床电气控制柜元器件明细表，见表 2-1-1。

表 2-1-1　　　　　　　　　CW6163 型车床电气控制柜元器件明细表

序号	符号	元件名称	型号	规格	件数	作用
1	QF	断路器	DZ20Y-100/3	380V，80A	1	电源总开关
2	KM1	接触器	CJ20-25	380V，25A，线圈电压 220V	1	控制电动机 M1
3	KM2	接触器	CJ20-10	380V，10A，线圈电压 220V	1	控制电动机 M2
4	KM3、KM4	接触器	CJ20-10	380V，10A，线圈电压 220V	2	控制电动机 M3
5	FR1	热继电器	JR20-25	380V，25A	1	过载保护
6	FR2	热继电器	JR20-10	380V，10A	1	过载保护
7	SB	按钮	LA20-11	220V，5A，红色	1	总停止按钮
8	SB3、SB4	按钮	LA20-11	220V，5A，红色	2	控制线圈 KM1 失电

序号	符号	元件名称	型号	规格	件数	作用
9	SB2	按钮	LA20-11	220V，5A，绿色	1	控制线圈 KM1 得电
10	SB1	按钮	LA20-11	220V，5A，绿色	1	控制线圈 KM2 得电
11	SB5、SB6	按钮	LA20-11	220V，5A，黑色	2	控制线圈 KM3、KM4 得失电
12	HL1、HL2、HL3	信号灯	AD1-22/212	220V，5A，红色	3	电源指示灯
13	HL4、HL5	信号灯	AD1-22/212	220V，5A，红色	2	M1、M2 运行指示灯
14	HL6	信号灯	AD1-22/212	220V，5A，绿色	1	车床是否工作指示灯

1.4　CW6163 型车床电气控制系统布置图、接线图绘制

1. 电气控制系统布置图

根据电气安装规范要求，合理地在安装底板和控制面板上布置元器件器件。结合电气原理图的控制顺序对电器元件进行合理布局，做到连接导线最短，导线交叉最少，方便引线，尽量节省材料，减小底板的面积；面板方便操作，易于记忆。电器元件布置图完成之后，再依据电气安装接线图的绘制原则及相应的注意事项进行电气安装接线图的绘制。绘制完毕的 CW6163 型车床电气控制系统布置图如图 2-1-4 所示。

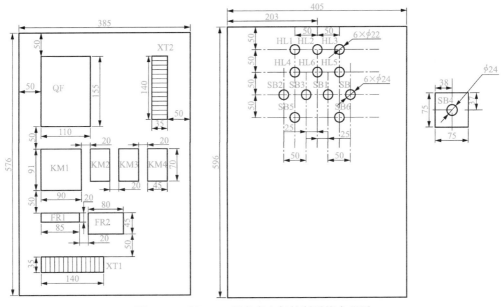

图 2-1-4　CW6163 型车床电气控制系统布置图

2. 电气控制系统接线图

根据电器元件原理图和布置图绘制接线图，各元器件的相对位置与实际安装位置要相对一致。绘制时，一个元器件的所有部件画在一起，并用虚线框框起来；元器件的部件上要有线号，其线号要与主电路和控制电路中所标的线号一致；所有元器件的图形符号和文字符号必须与原理图中的一致。控制柜面板门开关比较频繁，所以安装底板与面板之间元器件的连线通过接线端子排来实现，使用软导线，并将接线端子排放在门轴一侧。CW6163 型车床电气控制系统接线图如图 2-1-5 所示。

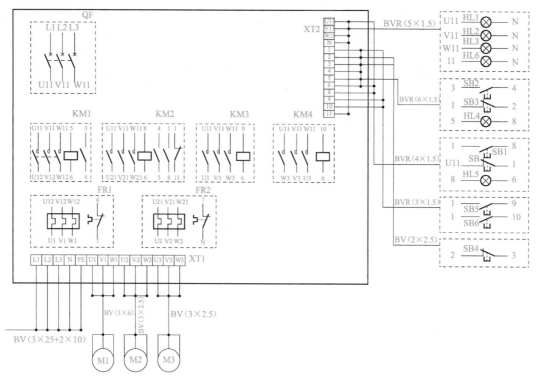

图 2-1-5　CW6163 型车床电气控制系统接线图

1.5　CW6163 型车床电气控制柜外观设计

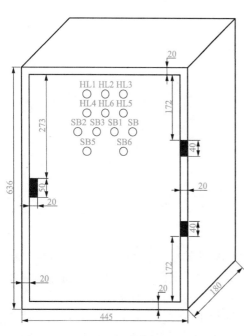

图 2-1-6　CW6163 型车床电气控制柜外观

在设计电气控制柜外观时，应按如下要求进行：

（1）根据 CW6163 型普通车床控制要求在外观图上画出工作时要用的按钮和指示灯。

（2）考虑实际，做出尺寸合理的柜子，要布局合理，便于工作人员操作。

（3）考虑到元器件通电后散发出热量，应在柜上做排气孔以利于散热。

（4）整体美观。

设计完毕的 CW6163 型车床电气控制柜外观如图 2-1-6 所示。

电源的三个指示灯 HL4、HL5、HL6 放在控制面板的最右上方，这样是否通电就能很容易看到；SB3、SB1 分别控制主电动机 M1 的起动、停止（SB4、SB2 是异地起动、停止按钮，没有在电气控制柜中），运行指示灯为 HL1。SB6、SB5 分别控制冷却泵电动机 M2

的起动、停止，运行指示灯为 HL2。车床不工作时有指示灯 HL3 指示。

1.6　CW6163 型车床电器元件之间的导线连接

接线时应按照电气安装接线图的要求，并结合电气原理图中的导线编号及配线要求进行。

1. 接线方法

所有导线的连接必须牢固，不得松动。在任何情况下，连接器件必须与连接的导线截面和材料性质相适应，导线与端子的接线，一般一个端子只连接一根导线。有些端子不适合连接软导线时，可在导线端头上采用针形、叉形等冷压接线头。如果采用专门设计的端子，可以连接两根或多根导线，但导线的连接方式必须工艺成熟，如夹紧、压接、焊接、绕接等。导线的接头除必须采用焊接方法外，所有导线应当采用冷压接线头。若电气设备在运行时承受的振动很大，则不许采用焊接的方式。

2. 导线的标志

保护导线为黄绿双色，动力电路的中性线和中间线为浅蓝色，交、直流动力线路为黑色，交流控制电路为红色，直流控制电路为蓝色等。

1.7　CW6163 型车床电气控制柜通电试车

1. 试车前的准备工作

（1）试车前必须了解各种电气设备和整个电气系统的功能，掌握试车的方法和步骤。

（2）做好试车前的检查工作。

1）根据电气原理图和电气安装接线图、电器布置图检查各电器元件的位置是否正确并检查其外观有无损坏；触头接触是否良好；配线导线的选择是否符合要求；柜内和柜外的接线是否正确、可靠及接线的各种具体要求是否达到；电动机有无卡壳现象；各种操作、复位机构是否灵活；保护电器的整定值是否达到要求；各种指示和信号装置是否按要求发出指定信号等。

2）对电动机和连接导线进行绝缘电阻检查。用兆欧表检查，应分别符合各自的绝缘电阻要求，如连接导线的绝缘电阻不小于 $7M\Omega$，电动机绕组的绝缘电阻不小于 $0.5M\Omega$ 等。

3）检查各电器元件动作是否符合电气原理图的要求及生产工艺要求。

4）检查各开关按钮、行程开关等电器元件是否处于原始位置，调整装置的手柄至最低速位置。

2. 通电试车

在调试前的准备工作完成之后方可进行试车。通电试车分三个步骤进行：

（1）空操作试车。断开主电路，接通电源开关，使控制电路空操作，检查控制电路的工作情况，如按钮对继电器、接触器的控制作用，自锁、联锁功能，急停器件的动作，行程开关的控制作用，时间继电器的延时时间等。如有异常，立刻切断电源开关检查原因。

（2）空载试车。接通主电路，先点动检查各电动机的转向及转速是否符合要求；然后调整好保护电器的整定值，检查指示信号和照明灯的完好性等。

（3）带负载试车。在正常的工作条件下，验证电气设备所有部分运行的正确性，此时应进一步观察机械动作和电器元件的动作是否符合原始工艺要求；进一步调整行程开关的位置及挡块的位置；对各种电器元件的整定数值进一步调整。

试车时的注意事项如下：

（1）安装完毕后，应仔细检查电路是否有误，如有则应认真修正，然后向指导老师提出通电请求，经同意后才能通电试车。

（2）通电时，先接通主电源，断电时，顺序相反。通电时，不得对线路进行带电改动。

（3）通电后，注意观察各种现象，随时做好停车准备，以防止意外事故发生。如有异常，应及时切断电源，再进行检修。检修完毕后再次向指导老师提出通电请求；未查明原因不得擅自强行送电。

項 目 2

玉米粉碎机电气控制柜设计与制作

项目任务单

编制部门：　　　　　　编制人：　　　　　　编制日期：

项目编号	2	项目名称	玉米粉碎机电气控制柜设计与制作	学时	16
目的		1. 熟悉玉米粉碎机的工作过程 2. 熟悉常用电气元件的结构和工作原理 3. 能够设计玉米粉碎机电气控制系统原理图 4. 能够选择玉米粉碎机电气控制系统的元器件和设备 5. 能够绘制玉米粉碎机电气控制系统布置图 6. 能够绘制玉米粉碎机电气控制系统接线图 7. 编制玉米粉碎机电气控制系统技术文件			
工艺要求及参数		◆ **玉米粉碎机结构简介** ◆ **电动机铭牌参数** 电动机——Y160M-4，11kW，23A，1460r/min，电动机正常为△连接 ◆ **控制要求** 1. 电动机采用降压起动 2. 操作面板上设有总电源输入指示灯、电流表、电压表、电压转换开关 3. 电动机没工作时有指示 4. 电动机起动和运行时有指示			
工具		1. 多媒体教学设备 2. 计算机 3. 电气控制实训装置 4. 电路设计绘图软件 5. 实用电工手册			
提交成果		1. 玉米粉碎机电气控制系统原理图 2. 玉米粉碎机电气控制系统布置图 3. 玉米粉碎机电气控制系统接线图 4. 玉米粉碎机电气控制柜外观设计图 5. 设计说明书			
备注					

2.1　玉米粉碎机工艺概况

1. 结构简介

锤片式玉米粉碎机可用电动机拖动，由盛料滑板、粉碎室、输送装置等几部分组成。粉碎室内有转子，转子由圆盘和活动锤片构成。筛子和齿板也是粉碎机的主要工作部件。其结构如图 2-2-1 所示。

图 2-2-1　玉米粉碎机的结构

工作时，被加工的物料从盛料滑板进入粉碎室内，受到高速旋转锤片的反复冲击、摩擦和齿板的碰撞，被粉碎至需要的粒度通过筛孔漏下。漏下的饲料经输送风机、输料管送往聚料桶，在聚料桶内再经分离，粉料由下方排出装袋，空气由上方排出。

该设备具有结构合理、自动喂料、坚固耐用、安全可靠、安装容易、操作方便、振动性小等特点，适用于各种饲料厂单独或配套使用，是目前国内常用的糠粉加工设备。

2. 电动机铭牌参数

玉米粉碎机由一台三相笼型异步电动机拖动，型号为 Y160M-4，额定功率为 11kW，额定电流为 23A，额定转速为 1460r/min，电动机正常运行时定子绕组为三角形联结。

3. 控制要求

控制要求如下：

（1）电动机采用降压起动。

（2）操作面板上设有总电源输入指示灯、电压表、电流表，电压转换开关。

（3）电动机不工作时有指示。

（4）电动机起动和运行时有指示。

2.2　玉米粉碎机主电路、控制电路设计

1. 主电路设计

根据控制要求，电路设计采用了断路器。考虑到了玉米粉碎机的刀片的使用寿命，拖动电动机正反转运转，KM1 为正转接触器，KM2 为反转接触器。由于电动机，电动机正常运行时定子绕组为三角形联结，采用 Y-△降压起动方式。操作面板上有电流表和电压表，电

流表不能直接接入电路中，需要经电流互感器。为了方便，只用了一块电压表，将其与万能转换开关配合使用；电动机有过载保护，由热继电器进实现。根据控制要求，总电源应有指示灯。

按以上分析设计出主电路，如图2-2-2所示。

2. 控制电路设计

根据控制要求只需要一个停止按钮SB，因为电动机采用了正反转，所以要用两个按钮SB1和SB2用来控制电路的正反转，又因为电动机采用降压起动，因此KM1得电后KMΥ才能得电。经过一段时间后（起动结束）KM△得电，控制电动机正常运行。因此在KMΥ线圈回路中，并联一个时间继电器KT来控制降压起动时间。根据控制要求电动机不工作时有指示灯指示，因此在指示灯回路串联KM1、KM2的常闭辅助触头；电动机起动和运行时有指示灯，则在KMΥ、KM△线圈两端中各并联一个指示灯。设计完成的控制电路如图2-2-3所示。

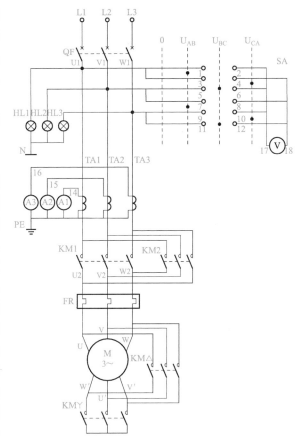

图 2-2-2　玉米粉碎机电气控制系统主电路

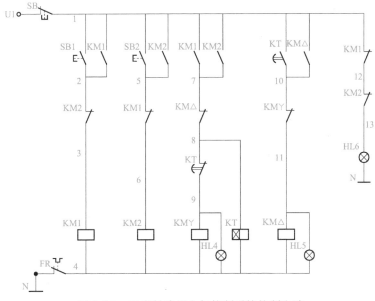

图 2-2-3　玉米粉碎机电气控制系统控制电路

2.3　玉米粉碎机电气控制柜元器件的选择

1. 断路器（QF）选择

首先计算以下电流：

(1) $I_{pk}=2.1I_{stm}+I_{30(n-1)}=2.1\times7\times23=338.1A$

(2) $I_{op(0)}=2.5I_{pk}=2.5\times338.1=845.25A$

(3) $I_{op(1)}=1.1I_{30}=1.1\times23A=25.3A$

查表 B-5，选 QF 为 DZ20Y-100/3 型断路器（32A，380V），该断路器的瞬时脱扣器整定电流为

$$12I_N=12\times32=384A<845.25A$$

因此不满足要求。

查表 B-5，选 DZ20Y-100/3 型断路器（80A，380V），该断路器的瞬时脱扣器整定电流为

$$12I_N=12\times80=960A>845.25A$$

满足要求，因此断路器 QF 选为 DZ20Y-100/3（380V，80A），1 台。

验证：断路器 QF 与被保护线路的配合。

由于 $I_{30}=23A$，查附录 A 选导线截面积为 $6mm^2$，$I_{al}=35A$。而 $I_{al}=35A<80A$，所以导线不满足要求。

因此选导线截面积选为 $25mm^2$，此时 $I_{al}=87A>80A$，能够满足要求。

2. 交流接触器（KM1、KM2、KM△、KMY）选择

根据主触头额定电流 $I=P_N\times10^3/(KU_N)$，经验系数 K 取 1～1.4，可得

$$I=P_N\times10^3/(KU_N)=(11\times10^3)/(1.4\times380)=20.68A$$

查表 D-2 选 CJ20-25 型接触器（25A，380V）。而 $I_N=25A>20.68A$，可以满足要求。

KM1 与 KM2 控制电动机 M 的正反转，KMY、KM△控制电动机 M 的 Y—△降压起动，都是控制同一台电动机，因此 KM1、KM2、KMY、KM△型号可以选得相同。即 KM1、KM2、KMY、KM△皆选 CJ20-25 型接触器（25A，380V，线圈电压为 220V），共 4 台。

3. 热继电器（FR）选择

由电动机的额定电流 $I_N=23.0A$，查表 E-1 选 JR20-25 型热继电器（25A，380V），且 25A>23.0A，能够满足要求。因此，FR 选为 JR20-25 型热继电器（25A，380V），1 台。

4. 按钮（SB、SB1、SB2）选择

查表 F-1 选按钮（SB、SB1、SB2）为 LA20-11 系列，按钮直径为 24mm。其中 SB 为红色，SB1、SB2 为绿色。

5. 信号灯（HL1～HL6）选择

查附录 G 选 AD1-22/212。其中 HL1、HL2、HL3、HL5 为红色，HL4 为黄色，HL6 为绿色。

6. 电流表（PA1、PA2、PA3）的选择

因为线路的电流为 23A，查附录 H 选 42L9-A 型电流表，量程为 0～30A。

7. 电流互感器（TA1~TA3）选择

电流互感器种类很多，在本电路中主要作用是测量和保护，由因为电流表的量程最大为30A，电流互感器一次侧电流要不小于电流表的量程，应选电流比为 30A/5A、准确度等级为 0.2 的电流互感器，所以查附录 I 选 LMZ1-0.5 型号的电流互感器，电流比是 30A/5A，共 3 台。

8. 电压表（PV）选择

线路电压为 380V，所选电压表的选择量程应大于 380V，查附录 H，选 42L9-V 型电压表，量程为 0~450V。

9. 万能转换开关（SA）选择

万能转换开关适用于交流 50Hz、额定工作电压至 380V、直流电压至 220V 的机床电气控制电路中，用来实现各种线路的控制和转换，也可用于其他场合控制线路的转换。查表F-4 选 LW5-15 型万能转换开关。

10. 时间继电器（KT）选择

JS7 系列时间继电器主要用于交流 50Hz、电压至 380V 的控制电路中，作为时间控制元件，以延时接通或分断电路，所以查表 E-2 选为 JS7-2A 型系列时间继电器。

11. 导线选择

根据断路器验证结果可知，电源进线选截面积为 25mm² 的导线，穿钢管；选中性线、接地线的截面积为 10mm²。连接电动机的导线，要求允许载流量要大于电动机的额定电流，电动机接线穿塑料管，查附录 A 选电动机接线的截面积为 6mm²。

接线端子排和面板的连线使用软线且控制电路中电流为 5A，所以取 1.5mm² 即可。

根据上述分析，可列出玉米粉碎机电气控制柜元器件明细表，见表 2-2-1。

表 2-2-1　　　　　　　　　　玉米粉碎机电气控制柜元器件明细表

序号	符号	元件名称	型号	规格	件数	作用
1	QF	断路器	DZ20Y-100/3	380V，80A	1	电源总开关
2	KM1、KM2、KM丫、KM△	接触器	CJ20-25	380V，25A，线圈电压为 220V	4	KM1、KM2 控制 M 正反转，KM丫、KM△ 控制 M 降压起动
3	FR	热继电器	JR20-25	380V，25A	1	电动机 M 过载保护
4	TA1、TA2、TA3	电流互感器	LMZ1-0.5	K_i=30/5，380V	3	和电流表配合测电流
5	PA1、PA2、PA3	电流表	42L9-A	量程 0~30A	3	测量电流
6	PV	电压表	42L9-V	量程 0~450V	1	测量电压
7	SA	万能转换开关	LW5-16	380V	1	调测电压挡位
8	KT	时间继电器	JS7-2A	380V，5A，线圈电压为 220V	1	通电延时
9	SB	按钮	LA20-11	220V，5A，红色	1	总停止按钮
10	SB1、SB2	按钮	LA20-11	220V，5A，绿色	2	SB1、SB2 控制 M 正、反转
11	HL1~HL3	信号灯	AD1-22/212	220V，5A，红色	3	电源指示

续表

序号	符号	元件名称	型号	规格	件数	作用
12	HL4	信号灯	AD1-22/212	220V，5A，黄色	1	电动机起动指示
13	HL5	信号灯	AD1-22/212	220V，5A，红色	1	电动机运转指示
14	HL6	信号灯	AD1-22/212	220V，5A，绿色	1	电动机是否工作指示

2.4 玉米粉碎机电气控制系统布置图、接线图绘制

1. 电气控制系统布置图

根据电气安装规范要求，合理地在安装底板和控制面板上布置元器件器件。结合电气原理图的控制顺序对电器元件进行合理布局，做到连接导线最短，导线交叉最少，方便引线，尽量节省材料，减小底板的面积；面板方便操作，易于记忆。电器元件布置图完成之后，再依据电气安装接线图的绘制原则及相应的注意事项进行电气安装接线图的绘制。绘制完成的电气控制柜布置图如图 2-2-4 所示。

2. 电气控制柜接线图

绘制电气控制柜接线图时，各元器件的相对位置与实际安装位置要相对一致。绘制时，一个元器件的所有部件画在一起，并用虚线框框起来；元器件的部件上要有线号，其线号要与主电路和控制电路中所标的线号一致；所有元器件的图形符号和文字符号必须与原理图中的一致。因为控制柜面板门打开关闭比较频繁，安装底板与面板之间元器件的连线通过接线端子排来实现，使用软导线，并将接线端子排放在门轴一侧。绘制完成的电气控制系统接线图如图 2-2-5 所示。

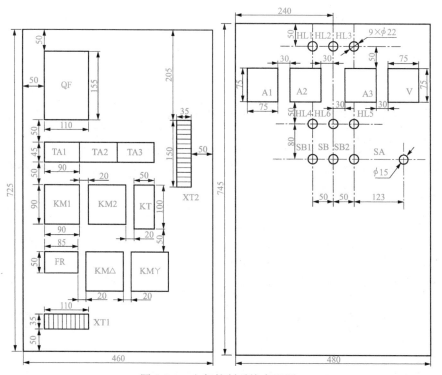

图 2-2-4 电气控制系统布置图

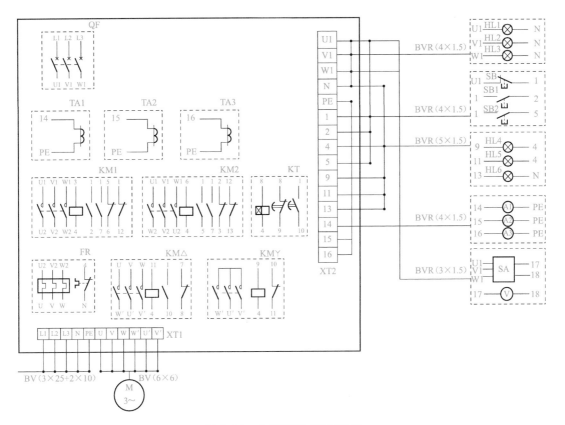

图 2-2-5 电气控制系统接线图

2.5 玉米粉碎机电气控制柜外观设计

玉米粉碎机电气控制柜外观设计要求：

（1）根据玉米粉碎机的控制要求在外观图上画出了电流表（PA1～PA3）、电压表（PV）、万能转换开关（SA）、按钮（SB1～SB3）、信号灯（HL1～HL6）。

（2）考虑实际，做出尺寸合理的柜子，要布局合理，便于工作人员操作。

（3）考虑到元器件通电后散发出热量，应在柜上做排气孔。

（4）整体美观。

设计完成电气控制柜外观图如图 2-2-6所示。

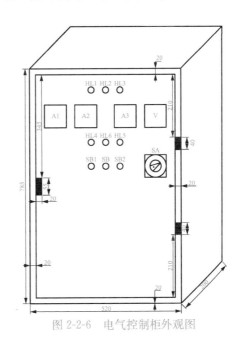

图 2-2-6 电气控制柜外观图

2.6　玉米粉碎机电气控制柜导线连接

接线时应按照电气安装接线图的要求，并结合电气原理图中的导线编号及配线要求进行。

1. 接线方法

所有导线的连接必须牢固，不得松动。在任何情况下，连接器件必须与连接的导线截面和材料性质相适应，导线与端子的接线，一般一个端子只连接一根导线。有些端子不适合连接软导线时，可在导线端头上采用针形、叉形等冷压接线头。如果采用专门设计的端子，可以连接两根或多根导线，但导线的连接方式必须工艺成熟，如夹紧、压接、焊接、绕接等。导线的接头除必须采用焊接方法外，所有导线应当采用冷压接线头。若电气设备在运行时承受的振动很大，则不许采用焊接的方式。

2. 导线的标志

保护导线为黄绿双色，动力电路的中性线和中间线为浅蓝色，交、直流动力线路为黑色，交流控制电路为红色，直流控制电路为蓝色等。

2.7　玉米粉碎机电气控制系统通电试车

1. 试车前的准备工作

（1）试车前必须了解各种电气设备和整个电气系统的功能，掌握试车的方法和步骤。

（2）做好试车前的检查工作。

1）根据电气原理图和电气安装接线图、电器布置图检查各电器元件的位置是否正确并检查其外观有无损坏；触头接触是否良好；配线导线的选择是否符合要求；柜内和柜外的接线是否正确、可靠及接线的各种具体要求是否达到；电动机有无卡壳现象；各种操作、复位机构是否灵活；保护电器的整定值是否达到要求；各种指示和信号装置是否按要求发出指定信号等。

2）对电动机和连接导线进行绝缘电阻检查。用兆欧表检查，应分别符合各自的绝缘电阻要求，如连接导线的绝缘电阻不小于 $7M\Omega$，电动机绕组的绝缘电阻不小于 $0.5M\Omega$ 等。

3）检查各电器元件动作是否符合电气原理图的要求及生产工艺要求。

4）检查各开关按钮、行程开关等电器元件是否处于原始位置，调整装置的手柄至最低速位置。

2. 通电试车

在调试前的准备工作完成之后方可进行试车。通电试车分三个步骤进行：

（1）空操作试车。断开主电路，接通电源开关，使控制电路空操作，检查控制电路的工作情况，如按钮对继电器、接触器的控制作用；自锁、联锁功能；急停器件的动作；行程开关的控制作用；时间继电器的延时时间等。如有异常，立刻切断电源开关检查原因。

（2）空载试车。接通主电路，先点动检查各电动机的转向及转速是否符合要求；然后调整好保护电器的整定值，检查指示信号和照明灯的完好性等。

（3）带负载试车。在正常的工作条件下，验证电气设备所有部分运行的正确性，此时应进一步观察机械动作和电器元件的动作是否符合原始工艺要求；进一步调整行程开关的位置及挡块的位置；对各种电器元件的整定数值进一步调整。

试车时的注意事项如下：

（1）安装完毕后，应仔细检查电路是否有误，如有则应认真修正，然后向指导老师提出通电请求，经同意后才能通电试车。

（2）通电时，先接通主电源，断电时，顺序相反。通电时，不得对线路进行带电改动。

（3）通电后，注意观察各种现象，随时做好停车准备，以防止意外事故发生。如有异常，应及时切断电源，再进行检修。检修完毕后再次向指导老师提出通电请求，未查明原因不得擅自强行送电。

项目 **3**

打包秤电气控制柜设计与制作

项目任务单

编制部门： 编制人： 编制日期：

项目编号	3	项目名称	打包秤电气控制柜设计与制作	学时	16
目的	1. 掌握打包秤的工作流程、执行部件、技术参数、电气控制要求 2. 掌握打包秤操作方式、联锁信号、电气控制系统设计分类 3. 掌握箱体设计、原理图设计、元器件选择、元器件布置图和接线图绘制				
工艺要求 及参数	◆ **打包称工作流程** ◆ **执行部件状态** 1. 喂料绞龙电动机 M1、M2 通电，拖动喂料绞龙工作，给秤斗送料 2. 电磁阀 YV2 没电，气缸 2 活塞杆伸出，秤斗门关闭 　　电磁阀 YV2 有电，气缸 2 活塞杆缩回，秤斗门打开 3. 电磁阀 YV1 没电，气缸 1 活塞杆伸出，打包袋松开 　　电磁阀 YV1 有电，气缸 1 活塞杆缩回，打包袋夹紧 ◆ **执行部件控制** 1. 喂料（高、中、低）三种速度：由计算机控制绞龙电动机 M1、M2 实现 2. 秤斗门（开、关）：由计算机控制电磁阀，电磁阀控制气缸实现 3. 夹袋机构（夹紧、松开）：由手动开关控制电磁阀，电磁阀控制气缸实现 ◆ **技术参数** 1. M1——大喂料绞龙电动机，Y802-6，1.1kW 2. M2——小喂料绞龙电动机，Y802-6，1.1kW 3. YV2——电磁阀，SR561-RN35D，通过气缸间接控制秤门开、关 4. YV1——电磁阀，SR561-RN35D，通过气缸间接控制打包袋夹紧、松开 ◆ **控制要求** 打包秤可实现手动、自动两种控制方式（用钮子开关实现） 1. 绞龙电动机 M1、M2 单独起动，控制方式为点动 2. 秤斗门开、关为点动 3. 打包袋夹紧控制为长动。在秤斗门打开后延时 3～4s 打包袋松开 4. 打包袋"置好"信号由行程开关 SQ 实现 5. 反馈给计算机的打包袋夹紧信号由行程开关 SQ1 实现；反馈给计算机的秤斗门关好信号由行程开关 SQ2 实现				

工艺要求 及参数	6. 控制面板上有电源显示，手动、自动时有显示 7. 喂料时、秤斗开门时、打包秤夹紧时有显示
工具	1. 多媒体教学设备 2. 计算机 3. 电气控制实训装置 4. 电路设计绘图软件 5. 实用电工手册
提交成果	1. 打包秤电气控制系统原理图 2. 打包秤电气控制系统布置图 3. 打包秤电气控制系统接线图 4. 打包秤电气控制柜外观设计图 5. 设计说明书
备注	

3.1　打包秤工艺概况

1. 打包秤结构简介

打包秤由提料电动机、大绞龙电动机、小绞龙电动机、带运输电动机、气缸、夹袋机构、秤斗、输送带等几部分组成，其结构示意如图 2-3-1 所示。

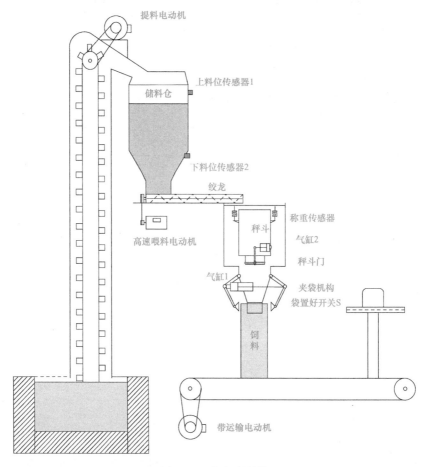

图 2-3-1　打包秤结构

将饲料袋套在储料仓口上，按动袋置好开关，气缸 1 收缩，带动夹袋机构收缩，将饲料袋夹住，当触发"袋夹紧"行程开关时，气缸 1 停止收缩。当包装袋夹紧后，并且秤斗内饲料已经准备好，气缸 2 缩回，带动秤斗门打开，开始卸料。当判断秤斗为空时，气缸 2 伸出，带动秤斗门关闭；当秤斗门碰到"秤斗门关闭"行程开关时，气缸 2 停止缩回。当秤斗门关好时，气缸 1 伸出，带动夹袋机构动作，松开饲料袋。当秤斗空，并且秤斗门已经关好时，起动大绞龙电动机和小绞龙电动机；两个电动机正常运行，带动绞龙向秤斗内进行高速喂料。当料质量接近设定值时，停止大绞龙电动机，只运行小绞龙电动机，进行中速喂料。当料质量等于设定值时，停止小绞龙电动机，完成本次饲料称重。打开秤斗门，将饲料倒进包装袋，再将其夹袋机构打开，包装袋通过传送带送走，由人工辅助封口。

　　此设备自动完成物料包装控制功能，有独立的包装质量输入、称重质量显示窗口。该显示窗口采用高亮度 LED 显示，能实时显示包装质量、累计产量、包数，具有简洁、直观，称量准确度高、速度快的优点。

2．执行部件状态

（1）喂料绞龙电动机动 M1、M2 通电，拖动绞龙工作，给秤斗送料。

（2）电磁阀 YV2 断电，气缸 2 活塞杆伸出，秤斗门关闭；

电磁阀 YV2 得电，气缸 2 活塞杆缩回，秤斗门打开。

（3）电磁阀 YV1 断电，气缸 1 活塞杆伸出，包装袋松开；

电磁阀 YV1 得电，气缸 1 活塞杆缩回，包装袋夹紧。

3．执行部件控制

（1）喂料（高、中、低）三种速度：由计算机控制绞龙电动机 M1、M2 实现。

（2）秤斗门（开、关）：由计算机控制电磁阀，电磁阀控制气缸实现。

（3）夹袋机构（夹紧、松开）：由手动开关控制电磁阀，电磁阀控制气缸实现。

4．技术参数

（1）M1——大绞龙电动机，Y802-6，1.1kW。

（2）M2——小绞龙电动机，Y802-6，1.1kW。

（3）YV2——电磁阀，SR561-RN35D，通过气缸间接控制秤门开、关。

（4）YV1——电磁阀，SR561-RN35D，通过气缸间接控制包装袋夹紧、松开。

5．控制要求

打包秤可实现手动、自动两种控制方式（用钮子开关实现）。

（1）绞龙电动机 M1、M2 单独起动，控制方式为点动。

（2）秤斗门开、关为点动。

（3）包装袋夹紧控制为长动。在秤斗门打开后延时 3～4s 包装袋松开。

（4）包装袋置好信号由行程开关 SQ 实现。

（5）反馈计算机的包装袋夹紧信号由行程开关 SQ1 实现，秤斗门关好信号由行程开关 SQ2 实现。

（6）控制面板上有电源指示，手动、自动时有指示。

（7）喂料时、秤斗开门时、打包秤夹紧时有指示。

3.2　打包秤主电路、控制电路设计

1．主电路设计

　　根据打包秤的控制要求设计主电路。在控制要求中有电源显示，所以加上了三个电源指示灯（HL1～HL3）。为保证电动机的安全可靠运行，电源引入采用了断路器 QF。打包秤喂料有高、中、低三种速度，由两台电动机 M1、M2 实现，其中 M1（带动大绞龙）、M2（带动小绞龙）同时运转为高速喂料；M1（带动大绞龙）运转为中速喂料、M2（带动小绞龙）运转为低速喂料。秤斗门开/关、包装袋夹紧/松开，由控制电路和计算机完成。

　　设计完成的打包秤电气控制系统主电路如图 2-3-2 所示。

2. 控制电路设计

根据控制要求，电路中实现了手动和自动两种控制方式，两种控制方式之间用一个钮子开关来切换。

（1）手动：通过 SB1～SB4 实现。

（2）自动：通过计算机输出信号 J01、J02、J03 实现。计算机反馈信号由行程开关 SQ1、SQ2 实现。

高/中/低速喂料，由电动机 M1、M2 控制；秤斗开/关门，由电磁阀 YV2 控制；包装袋夹紧/松开，由电磁阀 YV1 控制。手动、自动由指示灯 HL8、HL9 指示。

设计时是分步考虑的。首先设计控制电路中的喂料部分→秤斗门→包装袋夹紧机构，在电路中加上了 HL4～HL7 指示灯，以显示高/中/低速喂料、秤斗门、包装袋夹紧机构的状态。秤斗门打开延时 3～4s 后，夹紧机构需松开包装袋，延时时间由时间继电器 KT 实现。中间继电器 KA 起到增加辅助触头作用。

设计完成的打包秤电气控制系统控制电路如图 2-3-3 所示。

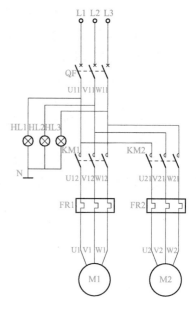

图 2-3-2　打包秤电气控制系统主电路

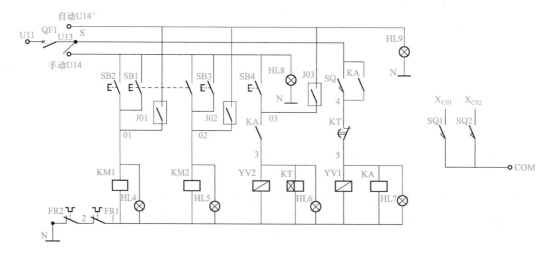

图 2-3-3　打包秤电气控制系统控制电路

3.3　打包秤电气控制柜元器件的选择

1. 断路器（QF、QF1）选择

（1）QF 的选择。由已知得 $I_{30}=6A$，计算如下：

1）$I_{pk}=2.1I_{stm}+I_{30(n-1)}=2.1\times7\times3+3=47.1A$

2）$I_{op(0)}=2.5I_{pk}=2.5\times47.1=117.75A$

3）$I_{op(1)}=1.1I_{30}=1.1\times6A=6.6A$

查表 B-5 选 QF 为 DZ20Y-100/3（16A，380V）。该断路器的瞬时脱扣器整定电流为
$$12I_N = 12 \times 16 = 192A < 117.75A$$
可以满足要求。

验证：断路器 QF 与被保护线路的配合。

$I_{30} = 6A$，选导线截面积为 1.5mm²，可知 $I_{al} = 14A < 16A$，因此 1.5mm² 导线不满足要求。

查附录 A 选导线截面积为 2.5mm²，这时 $I_{al} = 20A > 16A$，能够满足要求。

（2）QF1 的选择。QF1 用于控制电路，电路电流为 5A，单极，因此 QF1 选为 DZ5-10/1（6A，220V），1 台。

2. 交流接触器（KM1、KM2）选择

根据主触头额定电流 $I = (P_N \times 10^3)/(KU_N)$ 选择接触器型号，经验系数 K 取 1～1.4。

由于 KM1、KM2 控制的电动机 M1、M2 型号、技术参数相同，KM1、KM2 可选相同型号的接触器。因 $I = (P_N \times 10^3)/(KU_N) = (1.1 \times 10^3)/(1.4 \times 380) = 2.07A$，查表 D-2 选 CJ20-10 型接触器（10A，380V）。该型号接触器的额定电流 $I_N = 10A > 2.07A$，能够满足电路要求。

3. 中间继电器（KA）选择

控制电路额定工作状态下，电流为 5～10A，电压为 220V，查附录 E 中表 E-3，选 KA 为 JZ7-44 型中间继电器。

4. 时间继电器（KT）选择

JS7 系列时间继电器主要用于交流 50Hz、电压至 380V 或直流电压至 220V 的控制电路中，作为时间控制元件。查表 E-2 选 JS7-2A 型时间继电器。

5. 热继电器（FR1、FR2）选择

FR1、FR2 作电动机 M1、M2 的过载保护，且 M1、M2 的型号、技术参数相同，因此选 FR1、FR2 型号相同。由 M1（M2）的额定电流为 3A，查表 E-1 选 FR1、FR2 为 JR20-10 型热继电器（10A，380V）。因 10A > 3A，能够满足要求。

6. 信号灯（HL1～HL9）选择

信号灯所在控制电路的电压为 220V，电流为 5A，所以查附录 G 选 AD1-22/212 型信号灯。其中 HL1～HL7 为红色，HL8、HL9 为黄色，直径均为 22mm。

7. 钮子开关（S）选择

钮子开关是为了控制手动和自动的，选 KN3-2 型。

8. 按钮（SB1～SB4）选择

查表 F-1 选按钮（SB1～SB4）为 LA20-11 系列，绿色，直径为 24mm。

9. 行程开关（SQ、SQ1、SQ2）选择

查表 F-2 选 SQ、SQ1、SQ2 为 JLXK1-511 型行程开关（5A，220V）。

10. 导线的选择

（1）电源进线的选择：断路器额定电流为 16A，电源进线穿钢管，因此查附录 A 选电源进线、中性线、接地线的截面积为 2.5mm²。

（2）电动机接线的选择：要求导线的允许载流量要大于电动机的额定电流，电动机接线穿塑料管。查附录 A 选电动机 M1、M2 接线的截面积为 2.5mm²。

接线端子排和面板的连线使用软线且控制电路中电流为 5A，所以导线截面积取 1.5mm² 即可。

根据以上分析，可得出打包秤电气控制系统元器件明细，见表 2-3-1。

表 2-3-1   打包秤电气控制系统元器件明细

序号	符号	元件名称	型号	规格	件数	作用
1	QF	断路器	DZ20Y—100/3	380V，16A，3 极	1	电源总开关
2	QF1	断路器	DZ5—10/1	220V，6A，单极	1	控制电路开关
3	KM1、KM2	接触器	CJ20-10	380V，10A，线圈电压为 220V	2	控制 M1、M2 的起停
4	FR1、FR2	热继电器	JR20-10	380V，10A	2	过载保护
5	KT	时间继电器	JS7-2A	380V，5A，线圈电压为 220V	1	通电延时
6	KA	中间继电器	JZ7-44	220V，5A	1	增加触头数
7	SQ、SQ1、SQ2	行程开关	JLXK1-511	220V，5A	3	反馈信号
8	S	钮子开关	KN3-2	220V，5A	1	自动、手动控制
9	SB1	复合按钮	NP2-EA33	220V，5A，绿色	1	高速喂料控制
10	SB2、SB3、SB4	按钮	LA20-11	220V，5A，绿色	3	SB2、SB3 控制中、低速喂料；SB4 控制秤斗开关
11	HL1HL2、HL3	信号灯	AD1-22/212	220V，5A，红色	3	电源指示
12	HL4、HL5	信号灯	AD1-22/212	220V，5A，红色	2	喂料指示
13	HL6、HL7	信号灯	AD1-22/212	220V，5A，红色	2	秤斗开门、袋夹紧指示
14	HL8、HL9	信号灯	AD1-22/212	220V，5A，红色	2	手动、自动指示
15	YV1、YV2	电磁阀	SR561-RN35D	5A，线圈电压为 220V	2	控制秤斗门开/关，包装袋夹紧/松开

3.4 打包秤电气控制系统布置图、接线图绘制

1. 电气控制系统布置图

根据电气安装规范要求，在安装底板和控制面板上合理地布置电器元件。结合电气原理图的控制顺序进行合理布局，做到连接导线最短，导线交叉最少，方便引线，并尽量节省材料，减小底板的面积；面板操作方便，易于记忆。电器元件布置完成后，依据电气安装接线图的绘制原则及相应的注意事项进行电气安装接线图的绘制。

绘制完毕的打包秤电气控制柜布置图如图 2-3-4 所示。

2. 电气控制系统接线图

根据打包秤电气控制系统电气原理图和布置图绘制接线图，各元器件的相对位置与实际安装位置要基本一致。绘制时，一个元件的所有部件画在一起，并用虚线框框起来；元件部件上要有线号，其线号要与主电路和控制电路中所标的线号一致；所有元件的图形符号和文字符号必须与原理图中的一致。因为控制柜面板门打开关闭比较频繁，安装底板与面板之间元件的连线通过接线端子排来实现，使用软导线，并将接线端子排放在门轴一侧。

绘制完成的打包秤电气控制系统接线图如图 2-3-5 所示。

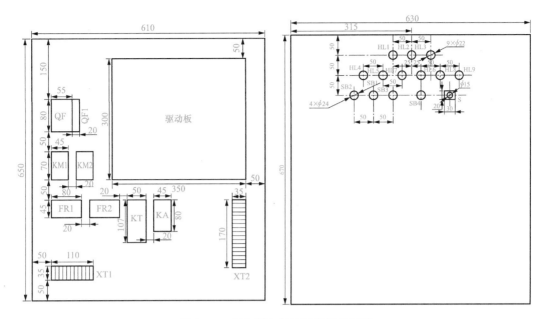

图 2-3-4　打包秤电气控制系统布置图

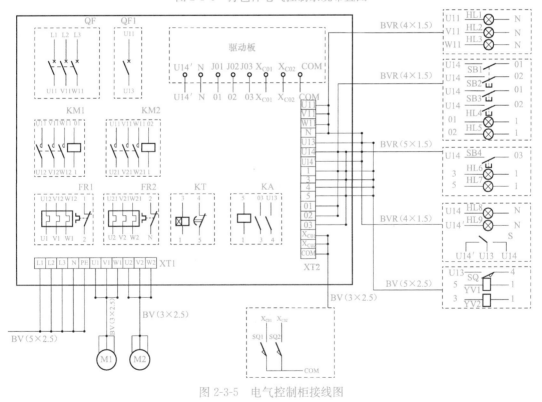

图 2-3-5　电气控制柜接线图

3.5　打包秤电气控制柜外观设计

设计要求如下：

（1）根据打包秤的控制要求，在外观图上画出了钮子开关（S）、按钮（SB1-SB4）、信号灯（HL1～HL9）。

（2）考虑实际，电气控制柜的尺寸、布局要合理，便于工作人员操作。

（3）考虑到元器件通电后散发出热量，应在柜上做排气孔。

（4）整体美观。

设计完成的打包秤电气控制柜外观图如图 2-3-6 所示。

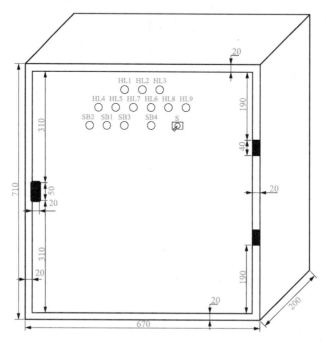

图 2-3-6　打包秤电气控制柜外观图

3.6　打包秤电气控制柜导线连接

接线时应按照电气安装接线图的要求，并结合电气原理图中的导线编号及配线要求进行。

1. 接线方法

所有导线的连接必须牢固，不得松动。在任何情况下，连接器件必须与连接的导线截面积和材料性质相适应。导线与端子连接时，一般一个端子只连接一根导线。有些端子不适合连接软导线时，可在导线端头上采用针形、叉形等冷压接线头。如果采用专门设计的端子，可以连接两根或多根导线，但导线的连接方式必须工艺成熟，如夹紧、压接、焊接、绕接等。导线的接头除必须采用焊接方法外，所有导线应当采用冷压接线头。若电气设备在运行时承受的振动很大，则不许采用焊接方式。

2. 导线的标志

保护导线为黄绿双色，动力电路的中性线和中间线为浅蓝色，交、直流动力线路为黑色，交流控制电路为红色，直流控制电路为蓝色等。

3.7　打包秤电气控制系统通电试车

1. 试车前的准备工作

（1）试车前必须了解各种电气设备和整个电气系统的功能，掌握试车的方法和步骤。

（2）做好试车前的检查工作。

1）根据电气原理图和电气安装接线图、电器布置图检查各电器元件的位置是否正确并检查其外观有无损坏；触头接触是否良好；配线导线的选择是否符合要求；柜内和柜外的接线是否正确、可靠及接线的各种具体要求是否达到；电动机有无卡壳现象；各种操作、复位机构是否灵活；保护电器的整定值是否达到要求；各种指示和信号装置是否按要求发出指定信号等。

2）对电动机和连接导线进行绝缘电阻检查。用兆欧表检查，应分别符合各自的绝缘电阻要求，如连接导线的绝缘电阻不小于 $7\text{M}\Omega$，电动机绕组的绝缘电阻不小于 $0.5\text{M}\Omega$ 等。

3）检查各电器元件动作是否符合电气原理图的要求及生产工艺要求。

4）检查各开关按钮、行程开关等电器元件是否处于原始位置，调整装置的手柄至最低速位置。

2. 通电试车

在做控制系统的强、弱电联调前，需要先把各个部分单独调试通过，再进行系统的联调。电气控制柜的调试步骤如下。

（1）首先进行控制电路的调试，将控制电路的单极断路器 QF1 闭合。旋转钮子开关至"手动"位置时，手动运行指示灯亮；至"自动"位置时，自动运行指示灯亮。同时接线端子排 U14′端子应该有电。

（2）在"手动"方式下，按住"高速"喂料按钮 SB1，接触器 KM1 和 KM2 线圈同时得电，大小绞龙电动机运行指示灯都亮，表示进行高速喂料。松开"高速"喂料按钮 SB1，接触器 KM1 和 KM2 线圈同时失电，指示灯熄灭。

（3）按住"中速"喂料按钮 SB2，接触器 KM1 线圈得电，大绞龙电动机运行指示灯亮，表示进行中速喂料。松开"中速"喂料按钮 SB2，接触器 KM1 线圈失电，大绞龙电动机运行指示灯灭。

（4）按住"低速"喂料按钮 SB3，接触器 KM2 线圈得电，表示进行低速喂料，小绞龙电动机运行指示灯亮。松开"低速"喂料按钮 SB3，接触器 KM2 线圈失电，小绞龙电动机运行指示灯灭。此过程也是"点动"喂料实现的过程。

（5）用手拨动一下袋夹紧开关 SQ，夹袋机构电磁阀线圈得电，对应指示灯亮，表示包装袋已经夹紧。

（6）当称重过程完成，且包装袋夹紧后。按住控制秤斗门开关的按钮 SB4，秤斗开门电磁阀线圈得电，对应指示灯亮，表示秤斗门打开，开始卸料。同时启动时间继电器，延时一段时间后，夹袋机构电磁阀线圈失电，对应指示灯灭，表示松开包装袋，一袋料完成了卸料和装袋过程。

（7）松开 SB4，开门电磁阀线圈失电，对应指示灯灭，表示秤斗门重新关闭，可以从（2）步开始进行下一轮称重喂料。

　　在完成以上对控制电路的调试后，可以将主电路电源接通，进行整个电气控制柜的调试。此时会有大绞龙电动机和小绞龙电动机同时参与运行的情况。电动机运行过程中，注意观察控制柜上对应三相电流表指示的电流值是否平衡。如果不平衡，说明主电路中有缺相故障，注意及时断电，排除故障。

　　上述各个调试目标需要全面达到，只要一项不能达到，都需要认真检查电路、排除故障。

系统篇

自动控制产品开发应用

- 项目 1　计算机控制打包秤电气控制系统设计与制作
- 项目 2　单片机控制打包秤电气控制系统设计与制作
- 项目 3　PLC控制打包秤电气控制系统设计与制作

自动控制产品开发应用

内容简介

本篇的主要任务是说明如何将电气控制产品转变为自动控制产品。本书选用了"打包秤自动控制系统"这一项目，通过对训练篇设计完成的打包秤电气控制柜进行二次开发，使其能够实现自动控制以培养学生自动控制产品的相关知识和技能。

散装颗粒物料的自动称重打包，是许多工厂的一个重要生产环节，它可以实现装袋及称重计量核算双重功能，在饲料、粮食、建材、化工及医药等行业得到广泛应用。

打包秤自动控制系统是一个典型的闭环过程控制系统，它以表征生产过程的质量参数为主要控制量，通过对该过程参数的自动控制，可有效地提高生产效率，降低劳动强度，实现生产的自动化。

该篇根据不同的自动化技术实现方式，将内容分成 3 个项目：

1. 计算机控制打包秤电气控制系统设计与制作

包括设计计算机控制系统图样，制作 PCB 电路板，电子器件选型，焊接组装系统，用 Visual Basic 语言编写图形界面的过程控制软件，连接称重显示器，调试与排除故障；连接电气控制系统，进行系统综合调试等内容。

2. 单片机控制打包秤电气控制系统设计与制作

包括设计单片机控制系统图样，制作 PCB，电子器件选型，焊接组装系统，连接秤重传感器，用 C 语言编写控制软件，调试与排除故障；连接电气控制系统，进行系统综合调试。

3. PLC 控制打包秤电气控制系统设计与制作

包括设计 PLC 控制图样，PLC 和电器元件选型，编写控制程序，在上位计算机上用组态软件开发动态控制界面，调试与排除故障；连接电气控制系统，进行系统综合调试。

学习目的

(1) 初步掌握电气控制、PLC 控制、单片机和电子控制、计算机控制、软件控制和传感器等方面的技术；

(2) 了解综合应用上述技术的方法以及中小型电气控制系统综合调试的技术和经验；

(3) 通过计算机控制（工控软件＋计算机接口）、单片机和PLC 这三种不同控制技术的学习，熟悉三种技术的特点和应用范围，为实际生产中控制技术的选择提供经验。

(4) 通过一个真实生产项目的学习，掌握并积累现场工作经验。

涉及主要技术

该综合项目涵盖电气技术、自动控制技术（包括计算机控制、单片机控制、PLC 控制）、软件技术、通信技术和传感器技术。

项目特点

本篇项目来源于生产实际，每一个项目都涉及一个完整的自动控制领域，涵盖了电气和控制领域中常用的技术和方法。通过学习，可以初步掌握常用的电气与控制技术，学会综合电气自动控制项目的设计方法、实现技巧和系统调试方法，为从事中小型综合电气自动控制方面的工作打下良好的基础。

计算机控制打包秤电气控制系统设计与制作

项目任务单（整体）

编制部门：　　　　　　编制人：　　　　　　编制日期：

项目编号	1	项目名称	计算机控制打包秤电气控制系统设计与制作	学时	4
目的		1. 掌握自动打包秤的工作流程、执行部件、技术参数、电气控制要求 2. 掌握自动打包秤操作方式、联锁信号、电气控制系统设计分类 3. 掌握计算机控制接口电路设计的一般思路和方法 4. 掌握电路图设计软件绘制和打印电路原理图的方法 5. 掌握自动打包秤控制柜整体设计、原理图设计及元器件布置图和接线图绘制 6. 制作自动打包秤电气控制柜			
工艺要求及参数		1. 打包秤工作流程 2. 执行部件状态 （1）喂料绞龙电动机 M1、M2 通电，拖动喂料绞龙工作，给秤斗送料 （2）电磁阀 YV1 没电，气缸 1 活塞杆伸出，秤斗门关闭 　　　电磁阀 YV1 有电，气缸 1 活塞杆缩回，秤斗门打开 （3）电磁阀 YV2 没电，气缸 2 活塞杆伸出，打包袋松开 　　　电磁阀 YV2 有电，气缸 2 活塞杆缩回，打包袋松开夹紧 3. 执行部件控制 （1）喂料（高、中、低）三种速度：由计算机控制绞龙电动机 M1、M2 实现 （2）秤斗门（开、关）：由计算机控制电磁阀，电磁阀控制气缸实现 （3）夹袋机构（夹紧、松开）：由手动开关控制电磁阀，电磁阀控制气缸实现 4. 技术参数 （1）M1——大绞龙电动机，Y802-6，1.1kW （2）M2——小绞龙电动机，Y802-6，1.1kW （3）YV1——电磁阀，SR561-RN35D，通过气缸间接控制秤门开、关 （4）YV2——电磁阀，SR561-RN35D，通过气缸间接控制打包袋夹紧、松开 5. 控制要求 打包秤可实现手动、自动两种控制方式（用钮子开关实现） （1）计算机控制接口电路控制要求及工作过程			

工艺要求及参数	1）能控制大绞龙电动机和小绞龙电动机起动和停止，分高速、中速和低速三挡进行加料 2）能控制秤斗门的打开和关闭 3）能接收来自行程开关的包夹紧信号和斗门关信号，并通过指示灯进行显示 4）自动打包秤的具体工作过程为： 计算机首先采集包夹紧信号和斗门关信号，如果包夹紧并且秤斗门已经关闭，采集秤斗质量，并进行实时显示 如果秤斗质量≤38kg（高速喂料停止质量），系统高速运行，大绞龙电动机和小绞龙电动机同时加料；高速指示灯点亮 如果 38kg＜秤斗质量≤45kg（中速喂料停止质量），系统中速运行，大绞龙电动机加料、小绞龙电动机停止；中速指示灯点亮 如果 45kg＜秤斗质量≤48kg（低速喂料停止质量），系统低速运行，小绞龙电动机加料、大绞龙电动机停止；低速指示灯点亮 如果 48kg＜秤斗质量＜50kg（单包理论质量），系统点动运行，小绞龙电动机点动加料、大绞龙电动机停止 如果秤斗质量≥50kg，大绞龙电动机和小绞龙电动机都停止。秤斗门打开，延时 5s 后秤斗门关闭 计算机经过接口卡采集包夹紧信号和秤斗门关信号，如果打包袋夹紧并且秤斗门已经关闭，循环执行上述过程 （2）控制柜部分控制要求 1）绞龙电动机 M1、M2 单独起动，控制方式为点动 2）秤斗门开、关为点动 3）打包袋夹紧控制为长动。在秤斗门打开后延时 3～4s 打包袋松开 4）打包袋置好信号由行程开关 SQ1 实现 5）反馈计算机的打包袋夹紧信号由行程开关 SQ2 实现 6）控制面板上有电源显示，手动、自动时有显示 7）喂料时、秤斗开门时、打包袋夹紧时有显示
工具	1. 多媒体教学设备 2. 计算机 3. 电气控制实训装置 4. 电路设计绘图软件 5. 实用电工手册
提交成果	1. 主要电路和元器件的分析论证 2. Protel 电路原理图、印制电路板（PCB）图 3. 打包秤电气控制系统原理图 4. 打包秤电气控制系统布置图 5. 打包秤电气控制系统接线图 6. 打包秤电气控制柜外观设计图 7. 自动打包秤电气控制柜 8. 设计说明书
备注	

项目任务单（软件编程部分）

编制部门：　　　　　　编制人：　　　　　　编制日期：

子项目编号	1	子项目名称	计算机控制打包秤软件设计与开发	学时	4
目的			1. 熟悉计算机软件开发的基本步骤 2. 掌握模拟生产动画的制作方法 3. 掌握数据的输入、保存、浏览、查询及报表打印程序的编制方法 4. 掌握计算机的串行通信及硬件接口的读写操作 5. 掌握生产过程实时控制程序的编写方法 6. 学会程序编写过程中的故障分析、调试及排除方法		
工艺要求 及参数			1. 生产控制 （1）能够根据打包生产的品种及设置的高、中、低速停止喂料质量，控制喂料器以高、中、低三种速度喂料及点动喂料；包装袋没有夹紧，秤斗不得开门放料；秤斗门没有关闭，喂料器不得向秤斗喂料；能够控制秤斗开、关门 （2）能够以串行方式实时读取并显示称重显示器的数据 （3）在生产过程中能够反映当前批次生产的品种名称、设定包数、当前包数及当前生产总质量 2. 生产数据管理 （1）能够输入打包数量、选择打包生产的品种及生产班组 （2）能够对生产控制参数表进行维护，包括添加、删除打包生产品种，修改品种名称及高、中、低速停止质量及单包质量 （3）在打包生产过程中，能够实时地将生产数据（生产品种、生产班组、生产日期、生产时间、设定包数、实际包数、实际质量、生产批号等）保存到生产数据表中 （4）能够按选择的日期范围，浏览、查询生产数据表中的生产数据 （5）报表打印：能够根据选择的日期范围，打印预览及打印报表数据表中的数据。报表内容应包括：页号和总页数、报表打印日期、各个品种的设定包数、实际包数、总质量及其相应的汇总数据 （6）数据库：包括生产控制参数表和生产数据表 3. 模拟生产动画 在打包秤生产过程中，主窗体上应有实时反映生产状态的模拟动画，包括： （1）高速、中速、低速三种喂料速度动画 （2）秤斗料增加、减少的动画 （3）秤斗开关门及开门下料动画 （4）打包袋夹紧、料增加、下落到输送机、沿输送机输送方向移动的动画 （5）皮带输送机运转动画 4. 辅助功能 （1）模拟生产程序：能够模拟连续生产 （2）系统测试程序：能够进行系统测试。包括高、中、低速喂料及其停止喂料、秤斗开关门、打包袋夹紧状态、秤斗门状态等的测试 （3）安装包：能够将本软件安装到指定目录，并能脱离 VB 环境独立运行		

续表

工艺要求 及参数	5. 主窗体界面 （1）窗体工具栏：有实际生产、生产控制参数设置、生产数据浏览、报表打印等四个工具按钮 （2）状态栏：包括软件名称及制作人、操作键提示、Caps Lock 键的状态、系统日期及时间（要求显示到秒）
工具	1. 多媒体教学设备 2. 计算机，工作环境：Windows XP 或 Win 7 3. 编程软件：VB 6.0、Access2000/2003 4. 电气控制实训装置
提交成果	1. 计算机控制打包秤系统源程序（电子文档） 2. 安装包（电子文档） 3. 项目报告（电子文档及纸质文档）
备注	

项目任务单（计算机接口电路板部分）

编制部门：　　　　　　编制人：　　　　　　编制日期：

子项目编号	2	子项目名称	计算机控制打包秤计算机接口电路板的设计与开发	学时	4
目的		1. 掌握计算机接口板设计的一般思路和方法 2. 掌握功率驱动电路的设计方法 3. 掌握并口芯片输入/输出数字信号的使用方法 4. 掌握常用绘图软件绘制和打印电路原理图的方法			
工艺要求 及参数		1. 利用 PC-XT 总线和计算机通信 2. 利用专用并口芯片 8255 采集来自行程开关的包夹紧信号和秤斗门关信号 3. 利用专用并口芯片 8255 输出控制电机与秤斗门的输出信号 4. 设计功率驱动电路，通过继电器控制电动机与驱动秤斗门的电磁阀			
工具		1. 多媒体教学设备 2. 计算机 3. 电气控制实训装置 4. 电路设计绘图软件 5. 实用电工手册			
提交成果		1. 主要电路和元器件的分析论证 2. Protel 电路原理图、印制电路板（PCB）图 3. 计算机接口板、驱动板 4. 项目报告（电子文档及纸质文档）			
备注					

1.1 计算机控制打包秤软件的开发应用

计算机控制打包秤电气控制系统主要由机械设备、强电控制部分（电气控制设备）及包括输入/输出接口电路和驱动电路的弱电控制部分、传感器、称重显示器与计算机软硬件组成，如图 3-1-1 所示。

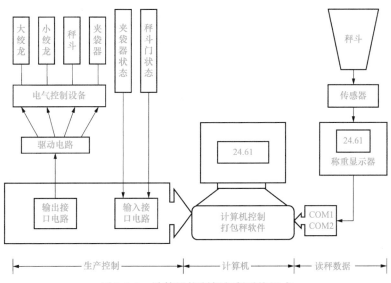

图 3-1-1 计算机控制打包秤系统组成

1.1.1 打包秤软件设计与制作

打包秤软件是整个系统中的核心，主要用于生产过程控制及生产数据管理。

1. 生产过程控制

（1）通过读取称重显示器的质量数据及秤斗门和夹袋机构的状态，控制大、小绞龙电动机、秤斗门、夹袋机构的工作。

（2）控制生产数量、速度和精确度。

2. 生产数据管理

打包秤软件可以实现设置、记录、浏览、打印生产数据的功能。

一、打包秤软件设计

1. 主要功能模块设计

打包秤软件主要由三个功能模块组成（见图 3-1-2）：

（1）生产控制模块。用于生产过程控制，包括实际生产和模拟生产两个子模块。

1）实际生产子模块。完成现场实际生产任务。

2）模拟生产子模块。用模拟产生的质量数据进行连续生产，实现产品的生产测试或展示。

（2）数据管理模块。用于生产数据的输入、输出、保存等。包括：

1）生产任务设置子模块。用于设定打包生产的品种、打包数量等。

2）生产控制参数设置子模块。用于添加、更改或删除打包生产品种，并设置其高、中、低速喂料停止质量等生产控制参数。

3）生产数据浏览子模块。用于浏览、查询生产数据表中的各项数据。

4）生产报表打印子模块。用于打印预览及打印生产数据表中的数据。

（3）辅助功能模块。包括系统测试及系统设置两个子模块。

1）系统测试子模块。用于软硬件本身及之间连接的测试。

2）系统设置子模块。用于设置与称重显示器连接的端口号、波特率等。

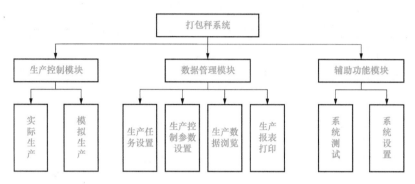

图 3-1-2　打包秤系统主要功能模块

2. 主控生产流程设计

打包秤软件的主控生产是一个典型的闭环控制过程。喂料器根据秤斗门是否关闭，确定是否开始喂料；根据秤斗的质量，确定应进行高速喂料、中速喂料、低速喂料还是点动喂料；秤斗根据夹袋机构是否夹紧，确定是否可以开秤斗门放料，根据其中的物料是否放完确定何时关秤斗门。

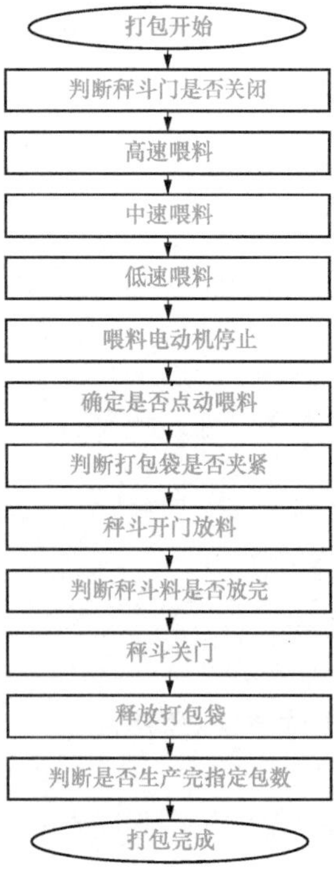

计算机控制打包秤软件主控生产流程如图 3-1-3 所示。

3. 数据库结构设计

打包秤软件的数据库比较简单，主要有打包生产控制参数表 produce_parameter 和生产数据表 produce_data 两个。

（1）打包生产控制参数表 produce_parameter，主要用于保存打包品种的生产控制参数，见表 3-1-1。

（2）生产数据表 produce_data，主要用于生产过程中记录每包的实际生产数据，见表 3-1-2。

二、打包秤软件的制作

1. 开发工具选取

这里选用 Visual Basic 6.0（以下简称 VB）与 Access 数据库实现打包秤软件，实际工程中还可以采用 C++Builder 6.0/2010 或 VC/C♯ 与 Access 数据库实现。

2. 涉及的知识

利用 VB 实现打包秤软件，需要具备以下知识：

（1）了解 VB 的集成开发环境，并具备一定的 VB 语言基础知识，包括 VB 数据类型、运算符与表达式、常用函数，函数与过程及参数传递、三种基本控制流程的结构、变量的定义与作用域等。

图 3-1-3　打包秤主控
生产流程

表 3-1-1　打包生产控制参数表 produce_parameter

字段名称	字段含义	数据类型	字段大小	是否主键
product_id	品种编号	自动编号	长整型	是
product_name	品种名称	文本	16	否
high_speed_weight	高速喂料停止质量	数字	单精度型	否
middle_speed_weight	中速喂料停止质量	数字	单精度型	否
low_speed_weight	低速喂料停止质量	数字	单精度型	否
single_bag_set_weight	单包设置质量	数字	单精度型	否

表 3-1-2　生产数据表 produce_data

字段名称	字段含义	数据类型	字段大小	是否主键
produce_id	生产编号	自动编号	长整型	是
produce_date	生产日期	日期/时间		否
produce_time	生产时间	日期/时间		否
product_name	品种名称	文本	16	否
produce_group	生产班组	文本	3	否
single_bag_set_weight	单包设置质量	数字	单精度型	否
single_bag_fact_weight	每包实际质量	数字	单精度型	否
produce_ph	生产批号	文本	14	否

（2）掌握 VB 中常用的控件，包括标签、文本框、按钮、计时器、组合框、形状、直线、菜单等的使用。

（3）掌握 VB 程序调试的调试方法。

（4）掌握 VB 图形的操作方法。

（5）掌握 VB 的数据库操作及常用数据控件的使用。

（6）掌握 VB 串行通信方式及端口地址的操作方法，包括 MSComm 控件的使用、VB 中调用 API 函数及动态链接库的方法等。

3. 制作步骤

打包秤软件的制作分为以下三个步骤：

（1）生产控制模块制作，包括模拟生产动画界面制作、主控生产程序制作。

（2）数据管理模块制作，包括生产任务设定程序制作、生产控制参数设定程序制作、生产数据浏览查询程序制作、报表打印程序制作。

（3）辅助功能模块制作，主要是系统测试程序制作。

用 VB 实现的计算机控制打包秤软件运行效果如图 3-1-4 所示。

1.1.2　打包秤软件的调试

打包秤软件编写完成后即进入调试阶段。调试内容可分为软件自身调试和软硬件联机调试两部分。软件自身调试是借助计算机本身就可完成的调试，如模拟生产动画、生产控制参数设置、生产数据保存、生产数据浏览、报表打印等；软硬件联机调试则需要与其他工控设备连接后方可进行调试，包括称重显示器数据的读取测试、与输入/输出接口电路间的单步动作测试、直连系统的连续生产调试。

下面主要介绍一下软硬件联机调试。需要说明的是，软硬件联机调试只需测试到驱动电路板即可，若驱动电路板的输出指示灯显示正确，即表示输出指令执行正确，可不必连接电气控制设备。

1. 称重显示器数据读取的测试

（1）测试目的：检测能否正确读取称重显示器的质量数据。

（2）测试设备：称重显示器（耀华 XK3190-A9）、工控机。

（3）测试方法：由于计算机与称重显示器以串行通信方式连接，因此在读取称重显示器数据时，应注意软件中设置的端口号、波特率及小数位数要与称重显示器要求一致。如不一致则需修改相应代码。

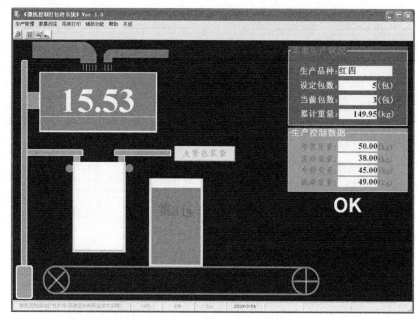

图 3-1-4　计算机控制打包秤软件运行效果（高速喂料阶段）

```
'主窗体加载事件
Private Sub Form_Load()
    MSComm_scale_weight. CommPort = 1              '使用 COM1,如使用 COM2 口则改为 2
    MSComm_scale_weight. Settings = "4800,N,8,1"    '4800 波特率,无奇偶校验
                                                     '8 位数据,一个停止位
    MSComm_scale_weight. InputLen = 0               '读入整个缓冲区
    MSComm_scale_weight. RThreshold = 23            '收到 23 个字符,触发一次 OnComm 事件
    If MSComm_scale_weight. PortOpen = False Then
        MSComm_scale_weight. PortOpen = True        '打开串口
    End If
End Sub


'MsComm_scale_weight 控件的 OnComm()事件过程
Private Sub MSComm_scale_weight_OnComm()
    Static buffer As String
    buffer = MSComm_scale_weight. Input             '读取端口数据
    scale_weight = Val(Mid(buffer, InStr(buffer, "|") + 1, 7)) / 100  '显示两位小数
    Label_scale_weight. Caption = Format(scale_weight, "0.00")
End Sub
```

　　程序注释：

　　1）MSComm _ scale _ weight 为添加到主窗体上的 MSComm 控件；

　　2）scale _ weight 为定义在窗体通用声明区的 Single 型变量，用于记录秤质量值；

　　3）Label _ scale _ weight 为显示秤质量数据的 Label 控件。

调试好后的运行效果如图 3-1-5 所示。

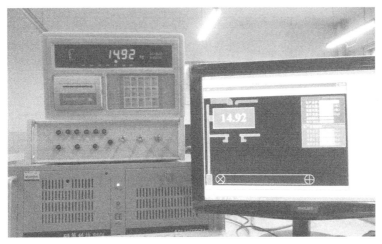

图 3-1-5　调试好的运行效果

2. 与输入/输出接口电路间的单步动作测试

（1）测试目的：检测能否正确输出控制指令，能否接收到输入状态信息。

（2）测试设备：输入/输出接口电路板、驱动电路板及其控制箱、工控机。

（3）测试方法：使用打包秤软件中的"系统测试"功能。

打包秤的输入/输出接口电路使用了 Intel 公司的 8255 芯片，由于 WinXP 系统已经屏蔽了对端口的直接操作，因此本项目使用了第三方 WinIO 控件。为简化程序的制作，将 WinIO 控件对端口的读写操作函数封装到动态链接库文件 mydll. dll 中，直接调用各函数即可。mydll. dll 中的函数要在 VB 标准模块 Module1 中声明，具体如下：

Public Declare Function initial_io_port Lib "mydll. dll" () As Integer

Public Declare Function high_speed Lib "mydll. dll" () As Integer

Public Declare Function middle_speed Lib "mydll. dll" () As Integer

Public Declare Function low_speed Lib "mydll. dll" () As Integer

Public Declare Function stop_electric_machine Lib "mydll. dll" () As Integer

Public Declare Function open_door Lib "mydll. dll" () As Integer

Public Declare Function close_door Lib "mydll. dll" () As Integer

Public Declare Function release_bag Lib "mydll. dll" () As Integer

Public Declare Function door_status Lib "mydll. dll" () As Integer

Public Declare Function bag_status Lib "mydll. dll" () As Integer

Public Declare Function unload_winio Lib "mydll. dll" () As Integer

动态链接库中函数的使用见表 3-1-3。

表 3-1-3　　　　　　　　　　　动态链接库中的函数使用

序号	函数名称	函数类型	函数作用	函数调用
1	initial_io_port	输出函数	端口初始化	使用 Call 语句直接调用。如发"秤斗门开"指令为 Call open_door，其他类似
2	high_speed	输出函数	高速喂料	
3	middle_speed	输出函数	中速喂料	
4	low_speed	输出函数	低速喂料	
5	stop_electric_machine	输出函数	停止喂料	

续表

序号	函数名称	函数类型	函数作用	函数调用
6	open _ door	输出函数	秤斗开门	使用 Call 语句直接调用。如发"秤斗门开"指令为 Call open _ door，其他类似
7	close _ door	输出函数	秤斗关门	
8	release _ bag	输出函数	释放包装袋	
9	door _ status	输入函数	秤斗门状态	＝1秤斗门关闭 ＝0秤斗门未关闭
10	bag _ status	输入函数	包装袋状态	＝1包装袋已夹紧 ＝0包装袋未夹紧
11	unload _ winio	输出函数	卸载 WinIO 函数库	Call unload _ winio

将表 3-1-3 中的函数写到图 3-1-6 中对应的按钮单击事件中即可。例如：

```
'高速喂料测试
Private Sub Command_high_speed_Click()
    Call high_speed
    Text_test_info. Text = "高速喂料测试..."        '在提示文本框中显示测试信息
End Sub


'秤斗门状态测试
Private Sub Command_door_status_Click()
    If door_status = 1 Then
        Text_test_info. Text = "秤斗门已经关闭…"      '在提示文本框中显示测试信息
    Else
        Text_test_info. Text = "秤斗门尚未关闭…"      '在提示文本框中显示测试信息
    End If
End Sub
```

（4）测试步骤：测试过程中注意如图 3-1-7 中驱动电路控制箱上对应指示灯的变化。

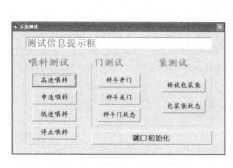

图 3-1-6 系统测试窗体

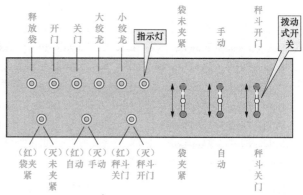

图 3-1-7 驱动电路控制箱前面板指示灯及开关示意

1）端口初始化：所有上排绿色指示灯熄灭。

2）测试高速喂料、中速喂料、低速喂料、停止喂料、秤斗开门、秤斗关门、释放包装袋。

3）测试秤斗门状态：将右侧的第一个开关向下扳，单击"秤斗门状态"按钮，此时测试信息提示框应显示"秤斗门已关闭";将该开关向上扳,单击"秤斗门状态"按钮,此时测试信息提示框应显示"秤斗门尚未关闭"。

4)测试包装袋状态:包装袋状态测试与秤斗门状态测试类似。

表3-1-4列出了不同项目测试时,驱动电路控制箱上指示灯的变化情况。

表3-1-4　　　　　　　　　　驱动电路控制箱上指示灯的变化情况

测试按钮的名称	驱动电路控制箱	说明
端口初始化	6个绿色指示灯熄灭	
高速喂料	大、小绞龙电动机运行指示灯点亮	
中速喂料	大绞龙电动机运行指示灯点亮	
低速喂料	小绞龙电动机运行指示灯点亮	
停止绞龙	大、小绞龙电动机运行指示灯熄灭	
秤斗开门	开门指示灯点亮	关门指示灯熄灭
秤斗关门	关门指示灯点亮	开门指示灯熄灭
释放包装袋	释放袋指示灯点亮	
包装袋状态	1. 将夹紧包装袋的拨动开关扳到上方,单击"包装袋状态"按钮,测试信息提示框应显示"包装袋尚未夹紧" 2. 否则应提示"包装袋已经夹紧"	该按钮用于测试包装袋是否已夹紧,它并不发出夹紧包装袋的控制指令。夹紧包装袋的指令不是计算机发出的,而是由现场操作者通过控制行程开关发出的
秤斗门状态	1. 将秤斗门的拨动开关扳到上方,单击"秤斗门状态"按钮,测试信息提示框应显示"秤斗门尚未关闭" 2. 否则应提示"秤斗门已经关闭"	该按钮用于测试秤斗门是否已关闭,实际检测的是是否已接触上表示秤斗门状态的行程开关

如果某项测试未成功,注意从以下几个方面查找:

(1)函数声明是否正确。注意函数名称的大小写,应为小写。

(2)调用命令是否正确。函数名应与声明的名称一致。

3. 直连系统的连续生产测试

直连系统是指由计算机及其直接连接部件所组成的系统,主要包括计算机及弱电控制部分(包括称重显示器、输入/输出接口电路和驱动电路)。连续生产测试则是指按照打包秤实际生产的逻辑顺序进行的不间断测试。

(1)测试目的:检测软件与弱电控制部分能否按照打包秤的生产流程正常工作。

(2)测试设备:称重显示器、输入/输出接口电路板、驱动电路板及其控制箱、工控机。

(3)测试方法:使用打包秤软件中的模拟生产和实际生产功能。

(4)测试准备:设置生产控制参数。生产控制参数是打包生产过程中控制生产速度、精确度和最终质量值的参数,包括每个打包品种喂料时的高、中、低速喂料停止质量、每包的单包质量等数据。

单击"数据管理"菜单,选择"生产控制参数设置"菜单项,打开"生产控制参数设置"对话框,如图3-1-8所示。选择某一个测试品种(如红四),设置好高、中、低速停止质量和单包质量。注意低速停止质量设得不要太接近单包质量,以便观察点动喂料现象。

选择某一打包品种后,单击鼠标右键(或从窗体菜单选择),可以添加新品种、更改已有品种的生产参数或删除某一品种。

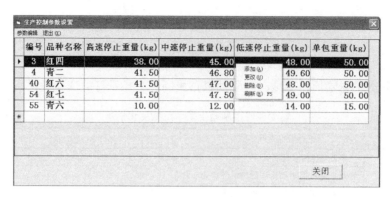

图 3-1-8 "生产控制参数设置"对话框

生产控制参数对打包生产的速度、精确度以及设备的使用寿命影响很大，在实际生产过程往往需要经常、反复调整，因此实用软件一般将"更改"功能也放到主界面上，以便边生产、边调整、边保存。

（5）测试步骤。称重显示器数据读取及输入/输出接口电路单步动作测试正常，表明打包秤软件已能正确读取到称重显示器的数据，能够正确执行软件发出的控制指令，也能够实时检测部件的工作状态，生产控制参数已经设置完毕，可以进行连续生产测试了。

连续生产测试可以使用模拟生产和实际生产两种方式完成。

1）使用模拟生产功能进行测试。模拟生产主要用于检测打包秤软件能否按设计要求连

图 3-1-9 设置模拟
生产任务窗体

续工作。在模拟生产过程中，计算机正常发出各种控制指令，也正常检测秤斗门及包装袋的状态，但并不读取称重显示器的数据，质量数据由软件内部一个自定义的仿真函数实现。模拟生产过程并不使用原料，因此常用于软件与弱电（输入/输出接口电路）之间的联机调试，也可延伸到软件与电气控制设备及机械设备之间的联机调试。

单击"生产控制"菜单，选择"模拟生产"菜单项，打开"设置模拟生产任务"对话框，如图 3-1-9。选择打包品种、输入打包数量、选择或输入生产班组后，单击"确定"按钮，即可开始模拟生产测试。

2）使用实际生产功能进行测试。实际生产测试需要读取称重显示器的数据。软件操作过程与模拟生产测试类似。

单击"生产控制"菜单，选择"实际生产"菜单项，打开"设置实际生产任务"对话框。选择打包品种、输入打包数量、选择或输入生产班组后，单击"确定"按钮即可开始实际生产测试。

利用实际生产功能进行连续生产测试时，需要使用称重传感器，为简化操作，可以用变阻器来模拟称重传感器，如图 3-1-10 所示。

（6）测试内容：

1）点动喂料测试。点动喂料过程是小绞龙电

图 3-1-10 用变阻器模拟称重传感器

动机起动与停止不断重复执行的过程。其工作过程为：小绞龙电动机起动若干毫秒，流下少量物料后立即停止，暂停片刻（延时 1），待料完全下落到秤斗并且秤斗稳定（延时 2）后，称量秤斗的质量，判断是否满足点动喂料条件，即

标准包质量－秤斗当前质量＞标准包质量×质量允许偏差（％）

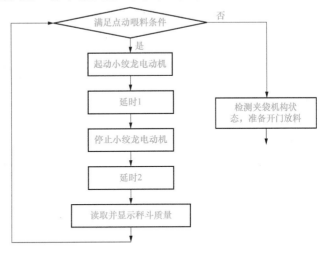

如果满足，则继续点动；否则称量结束，并检测夹袋机构的状态，准备开门放料。其工作流程如图 3-1-11 所示。

点动喂料时，可以观察到驱动电路控制箱上的小绞龙电动机运行指示灯间歇闪动，同时也能听到驱动电路版上继电器通断的声音。

2）包装袋是否夹紧测试。实际生产过程中，当包装袋没有夹紧时，秤斗不得开门。

在程序中，可根据函数 bag_status 的值来判断包装袋是否夹紧：

图 3-1-11　点动喂料工作流程

bag_status＝1，表示包装袋已经夹紧

bag_status＝0，表示包装袋没有夹紧

3）秤斗门是否关闭测试。实际生产过程中，当秤斗门没有关闭时，不得起动喂料电动机。在程序中，可根据函数 door_status 的值来判断秤斗门是否关闭：

door_status＝1，表示秤斗门已经关闭

door_status＝0，表示秤斗门没有关闭

（7）注意事项。

1）开始喂料前，如果秤斗门没有关闭，则不得发出起动喂料电动机的输出指令。

2）在喂料阶段，应特别注意高、中、低速喂料模式切换时，软件发出的输出指令是否正确。这个可以通过观察驱动电路控制箱上的指示灯变化情况了解。

3）点动喂料阶段要观察是否有点动以及当秤斗质量达到要求时点动是否及时停止。点动阶段最好使用实际生产功能测试。点动时不应连续喂料，应模拟实际生产情况，采用间歇方式喂料。

4）当秤斗质量达到要求时，如果包装袋没有夹紧，则秤斗不得开门放料。

5）实际生产时，秤斗料不必放完（如可放到 0.5kg），秤斗门就应当关闭。

6）第 1 包生产完后，注意观察第 2 包是否能接续生产。

1.1.3　打包秤软件的使用操作

1. 软件安装与启动

计算机控制打包秤软件安装包共有 3 个文件：SETUP. LST 为安装包列表文件，package_scale.CAB 为安装包程序压缩文件，setup. exe 为安装包执行文件。

双击 setup. exe 文件，启动安装程序，此后按照计算机提示顺序安装即可。安装成功后，在操作系统下的"开始"菜单中的"（所有）程序"组中可以看到软件的启动项，如

图 3-1-12 所示。单击"计算机控制打包秤系统"即可启动软件。

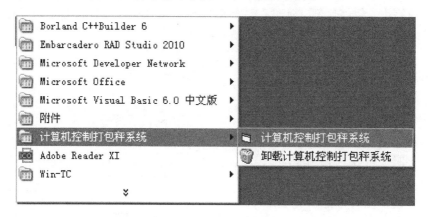

图 3-1-12　打包秤软件的启动

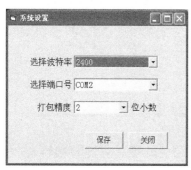

图 3-1-13　系统设置对话框

2. 软件操作流程

（1）设置系统工作参数。打包秤软件启动后，单击"辅助功能"菜单，选择"系统设置"菜单项，打开"系统设置"对话框，如图 3-1-13 所示。根据称重显示器连接的串行端口号和使用的波特率进行系统设置。

系统参数设置正确后，应能从软件主窗体的秤斗上显示出与称重显示器一致的数据。

（2）设置生产控制参数。按直连系统的连续生产测试中设置生产控制参数的方法进行设置（见图 3-1-8）。

（3）系统测试。采用与输入/输出接口电路间的单步动作测试相同的方法，进行系统测试。

（4）控制生产。以上三个步骤检测正常或设置完毕，便可进行打包生产。打包生产也分为模拟生产和实际生产两种方式，测试方法与直连系统连续生产测试方法相同，可按照相同步骤进行操作。

（5）生产数据浏览及报表打印，主要用于查询和打印生产数据。

3. 软件应用环境

该款软件的运行环境包括软件环境和硬件环境，本项目用到的计算机系统及硬件为：

（1）计算机系统：Windows XP。

（2）硬件环境：

1）工控机。

2）上海耀华 XK3190-A9 型称重显示器。

3）输入/输出接口电路板及驱动电路板（自制）。

1.2　打包秤计算机接口电路板设计与制作

1.2.1　概述

计算机控制打包秤又称自动打包秤，是集喂料、称重、打包于一体的打包工具，是机电一体化的复杂设备。计算机控制自动打包秤硬件框图如图 3-1-14 所示。

计算机控制电路将接口电路接收到的行程开关信号交由软件进行处理。处理后的输出量通过光耦合器把信号送入接口电路，再由接口电路利用晶体管的开关和放大特性

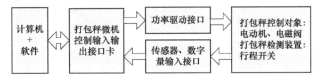

图 3-1-14　计算机控制自动打包秤硬件框图

驱动继电器，接通外部电路，控制外围设备进行自动打包。整个生产过程系统可由计算机自动监控。

1. 计算机控制系统的组成与特点

计算机控制系统由计算机及工业生产对象两大部分组成。计算机通过各种接口和工业生产对象（包括外部设备与生产过程）发生关系，并对生产过程进行数据处理及控制。计算机控制系统分为硬件和软件两部分：硬件是由主机、接口电路及外部设备组成；软件是完成各种功能如操作、管理、监控和自诊断等的计算机程序总和。

计算机控制系统的特点如下：

（1）具有完善的输入/输出通道，包括模拟量输入/输出通道和数字量或开关量输入/输出通道，这是计算机有效发挥其控制功能的重要保证。

（2）具有实时控制功能。

（3）由于控制功能是用软件实现的，因而变动一个控制功能，一般只需要修改软件即可。

（4）由于计算机具有高速的运算处理能力，一个控制器（控制用计算机）经常可采用分时控制的方式同时控制多个电路。

（5）可靠性高，对环境适应性强，能满足生产现场应用的要求。

2. ISA 总线

计算机（PC）总线技术应用十分广泛。从芯片内部各功能部件的连接到芯片间的互连，再到由芯片组成的板卡模块的连接，以及计算机与外部设备之间的连接，甚至现在工业控制中应用十分广泛的现场总线，都是通过不同的总线方式实现信息传输的。总线的分类方法比较多，按照不同的分类方法，总线有不同的名称。按照传输信息的性质，总线可以分为数据总线、地址总线、控制总线和电源总线；按照在系统结构中的层次位置，总线可分为片内总线、内部总线和外部总线；按照数据传输方式，总线又可以分为串行总线和并行总线；而根据信息传输方向，总线还可以分为单向总线和双向总线。

PC 总线因最早应用在 IBM 公司与 1981 年推出的 PC/XT 上而得名。随着 IBM 及其兼容机的广泛普及，PC 总线成为国际用户一致承认的总线标准。PC 系列总线在以 8088/8086 为 CPU 的 PC/XT 及其兼容机总线的基础上，从最初的 XT 总线发展到 PCI 局部总线，形成了包括 XT 总线、ISA 总线、MCA 总线、EISA 总线、PCI 总线等多种总线结构。本书只对 ISA 总线进行简要介绍。

ISA 总线使用的 I/O 扩展槽是安装在系统板上系统扩展总线与外部设备接口的连接器。当时 XT 机的数据总线只有 8 根，地址总线为 20 根。当计算机发展到 80286 阶段，以 80286 为 CPU 的 AT 机总线一方面与 XT 机总线完全兼容，另一方面将数据总线扩展到 16 根，地址总线扩展到 24 根。鉴于 IBM 在计算机领域的领军地位，它推出的这种 PC 总线成为 8 位和 16 位数据传输的工业标准，被命名为 ISA（Industry Standard Architecture）。ISA 总线

图 3-1-15 ISA 总线引脚排列（62 线）

引脚排列如图 3-1-15 所示，具体引脚含义见表 3-1-5。

ISA 总线的数据传输速率为 8MB/s，最大传输速率为 16MB/s，寻址空间为 16MB。它可在 62 线 PC 总线的基础上，再扩展一个 36 线插槽，分成 62 线和 36 线两段，共计 98 线，包括地址线、数据线、控制线、时钟线和电源线。现简要介绍如下：

（1）地址线。A0～A19，输出。用于寻址与系统总线相连的存储器和 I/O 设备。

（2）数据线。$D_0 \sim D_7$，双向。用于 CPU 与存储器、I/O 设备之间传输数据信息。

（3）控制线。主要是 I/O 读写命令线：I/O 读命令为输出线，低电平有效，用来把选中的 I/O 设备的数据读到数据总线上；I/O 写命令也是输出线，低电平有效，用来把数据总线上的数据写入被选中的 I/O 端口。

在本设计中使用的是拥有 8 位数据线的 ISA 总线——XT 总线。

表 3-1-5   ISA 总线引脚含义

元件面			焊接面		
引脚号	信号名	说明	引脚号	信号名	说明
A_1	$\overline{I/OCHCK}$	输入 I/O 校验	B_1	GND	地
A_2	D7	数据信号，双向	B_2	RESETDRV	复位
A_3	D6	数据信号，双向	B_3	+5V	电源
A_4	D5	数据信号，双向	B_4	IRQ_2（IRQ_9）	中断请求 2，输入
A_5	D4	数据信号，双向	B_5	−5V	电源-5V
A_6	D3	数据信号，双向	B_6	DRQ_2	DMA 通道 2 请求，输入
A_7	D2	数据信号，双向	B_7	−12V	电源-12V
A_8	D1	数据信号，双向	B_8	$\overline{CARDSLCTD}$	
A_9	D0	数据信号，双向	B_9	+12V	电源+12V
A_{10}	$\overline{I/OCHRDY}$	输入 I/O 准备好	B_{10}	GND	地
A_{11}	AEN	输出，地址允许	B_{11}	$\overline{MEMW}$	存储器写，输出
A_{12}	A19	地址信号，双向	B_{12}	$\overline{MEMR}$	存储器读，输出
A_{13}	A18	地址信号，双向	B_{13}	$\overline{IOW}$	接口写，双向
A_{14}	A17	地址信号，双向	B_{14}	$\overline{IOR}$	接口读，双向
A_{15}	A16	地址信号，双向	B_{15}	$\overline{DACK_3}$	DMA 通道 3 响应，输出
A_{16}	A15	地址信号，双向	B_{16}	DRQ_3	DMA 通道 3 请求，输入
A_{17}	A14	地址信号，双向	B_{17}	$\overline{DACK_1}$	DMA 通道 1 响应，输出
A_{18}	A13	地址信号，双向	B_{18}	DRQ_1	DMA 通道 1 请求，输入
A_{19}	A12	地址信号，双向	B_{19}	$\overline{CLK_0}$	DMA 通道 0 响应，输出
A_{20}	A11	地址信号，双向	B_{20}	CLK	系统时钟，输出
A_{21}	A10	地址信号，双向	B_{21}	IRQ_7	中断请求，输入
A_{22}	A9	地址信号，双向	B_{22}	IRQ_6	中断请求，输入
A_{23}	A8	地址信号，双向	B_{23}	IRQ_5	中断请求，输入
A_{24}	A7	地址信号，双向	B_{24}	IRQ_4	中断请求，输入

元件面			焊接面		
引脚号	信号名	说明	引脚号	信号名	说明
A_{25}	A6	地址信号，双向	B_{25}	IRQ_3	中断请求，输入
A_{26}	A5	地址信号，双向	B_{26}	$\overline{DACK_2}$	DMA 通道 2 响应，输出
A_{27}	A4	地址信号，双向	B_{27}	T/C	计数终点信号，输出
A_{28}	A3	地址信号，双向	B_{28}	ALE	地址锁存信号，输出
A_{29}	A2	地址信号，双向	B_{29}	+5V	电源+5V
A_{30}	A1	地址信号，双向	B_{30}	OSC	振荡信号，输出
A_{31}	A0	地址信号，双向	B_{31}	GND	地

1.2.2 计算机输入/输出接口电路设计

本项目中的输入/输出接口电路由地址译码电路、并行接口电路和光耦电路三个部分组成。

1. 地址译码电路

本项目中的地址译码电路由 3-8 线译码器 74LS138 实现。

（1）74LS138 译码器工作原理。译码为编码的逆过程。它将编码时赋予代码的含义"翻译"过来。实现译码的逻辑电路成为译码器，译码器的输出与输入代码之间有唯一的对应关系。74LS138 是二进制译码器，在这里用来产生片选信号，其引脚如图 3-1-16 所示。

（2）74LS138 引脚功能。S1、S2、S3 为译码器的使能端。当 S1＝1，$\overline{S2}+\overline{S3}＝0$ 时，译码器工作，地址码（A2A1A0）所指定的输出端有信号（为 0）输出，其他所有输出端端均无信号（全为 1）。当 $S_1＝0$，$\overline{S2}+\overline{S3}＝X$ 时或 $S_1＝X$，$\overline{S2}+\overline{S3}＝1$ 时，译码器被禁止，所有输出同时为 1。

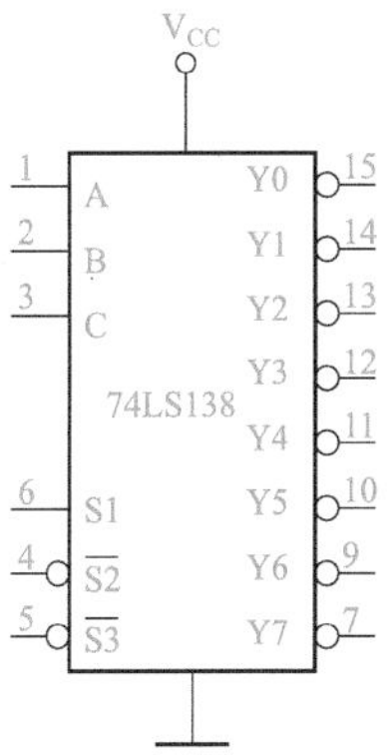

二进制译码器实际上也是负脉冲输出的脉冲分配器。若利用使能端中的一个输入端输入数据信息，器件就成为一个数据分配器（又称多路分配器）。

图 3-1-16 74LS138 的引脚

（3）74LS138 真值表。74LS138 3-8 线译码器真值表见表 3-1-6。

由 74LS138 构成的地址译码电路如图 3-1-17 所示。该译码电路使用了 A2～A9 的 8 位地址线。

表 3-1-6　74LS138 3-8 线译码器真值表

输入					输出							
S1	$\overline{S2}+\overline{S3}$	A2	A1	A0	$\overline{Y0}$	$\overline{Y1}$	$\overline{Y2}$	$\overline{Y3}$	$\overline{Y4}$	$\overline{Y5}$	$\overline{Y6}$	$\overline{Y7}$
0	$\times$	$\times$	$\times$	$\times$	1	1	1	1	1	1	1	1
$\times$	1	$\times$	$\times$	$\times$	1	1	1	1	1	1	1	1
1	0	$\times$	$\times$	$\times$	1	1	1	1	1	1	1	1
1	0	0	0	0	0	1	1	1	1	1	1	1
1	0	0	0	1	1	0	1	1	1	1	1	1
1	0	0	1	0	1	1	0	1	1	1	1	1
1	0	0	1	1	1	1	1	0	1	1	1	1
1	0	1	0	0	1	1	1	1	0	1	1	1
1	0	1	0	1	1	1	1	1	1	0	1	1
1	0	1	1	0	1	1	1	1	1	1	0	1
1	0	1	1	1	1	1	1	1	1	1	1	0

2. 并行接口电路

并行接口电路简称并口电路，是进行并行通信的 I/O 接口电路，它可以实现多维数据并行传输时的输入缓冲和输出锁存。并行接口有可编程并行接口和不可编程并行接口之分，其中可编程并行接口的工作方式和功能可以用软件编程的方法改变，使接口具有更大的灵活性和通用性。这里使用的 8255 芯片就属于可编程并行接口芯片。

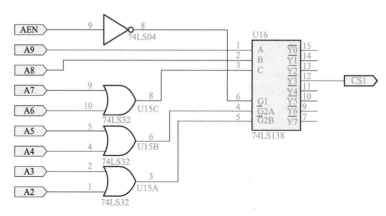

图 3-1-17　地址译码电路

（1）8255 工作原理。8255 是一种常用的可编程并行 I/O 接口芯片，片内有 PA、PB、PC 三个 8 位可编程通用扩展 I/O 口。8255 有 40 个引脚，采用双列直插式封装。

（2）8255 引脚功能如图 3-1-18 所示。

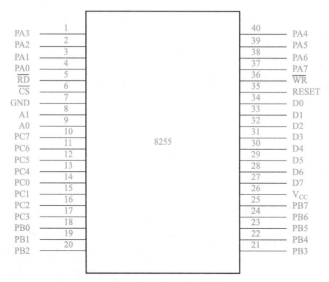

图 3-1-18　8255 引脚

各引脚及功能介绍如下：

A、B、C 三个 I/O 接口的引线分别为 PA0～PA7、PB0～PB7、PC0～PC7，共 24 条端线。三个接口均为 8 位 I/O 数据口。A 口可设置为 8 位数据输出缓冲/锁存器或 8 位数据输入缓冲/锁存器组成，工作方式有输入、输出或双向三种；B 口只能设为输入或输出方式，不能双向工作；C 口可设置为输入口或输出口，还可以上半部 PC4～PC7 与 A 口组成 A 组，下半部 PC0～PC3 与 B 口组成 B 组，便于控制。

除数据口外，还有控制口，用来控制 8255 的读、写、复位及片选等：

$\overline{RD}$ 为读控制线，低电平有效。当其为低电平时，CPU 对 8255 进行读操作，此时 8255 相应口为输入口。

$\overline{\text{WR}}$ 为写控制线，低电平有效。当其为低电平时，CPU 输出数据或命令到 8255 端口，此时 8255 相应口为输出口。

RESET 为复位端，高电平有效。当其为高电平时，8255 内部寄存器全部清零，24 条 I/O 口线为高阻态。

$\overline{\text{CD}}$ 为片选端，低电平有效。当其为低电平时，CPU 选中此 8255 芯片。

8255 共占有 4 个口地址，为 A、B、C 口及控制口地址。这 4 个地址之间的选择由 A0、A1 两端口线控制，二者组合决定所选的端口地址。口地址选择方式如下：

A1 A0	选择口
0　0	A 口
0　1	B 口
1　0	C 口
1　1	控制口

（3）8255 的使用。8255 是 Intel 公司生产的通用并行 I/O 接口芯片，它用＋5V 单电源供电，能在三种方式下工作：方式 0——基本输入/输出方式；方式 1——选通输入/输出方式；方式 2——双向选通输入/输出方式。8255 的工作方式设置如图 3-1-19 所示。

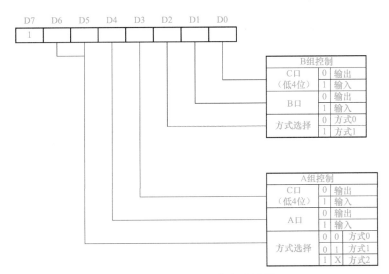

图 3-1-19　8255 工作方式设置

8255 工作方式控制字和 C 口按位置位/复位控制字格式如图 3-1-20 所示。

3. 光耦电路

光耦电路的核心部件是光耦合器。光耦合器是 20 世纪 70 年代发展起来的新型半导体器件，现已广泛用于电气绝缘、电平转换、级间耦合、驱动电路、开关电路、斩波器、多谐振荡器、信号隔离、级间隔离、脉冲放大电路、数字仪表、远距离信号传输、脉冲放大、固态继电器（SSR）、仪器仪表、通信设备及计算机接口电路中。光耦

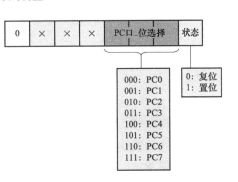

图 3-1-20　8255 工作方式控制字和 C 口按位置位/复位控制字格式

合器在电路中主要起隔离、保护作用，例如在本项目中，计算机一端的是小信号电路，而控制的却是市电下运行的电动机，为了保护弱电器件，消除信号干扰，需要在计算机接口电路与电动机控制电路之间，加入光耦电路。

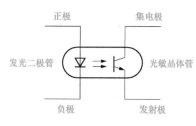

图 3-1-21　光耦合器工作原理

（1）光耦合器的工作原理。光耦合器件把发光器件（如发光二极管）和光敏器件（如光敏晶体管）集成在一起，通过光线实现耦合构成电—光和光—电转换，其工作原理如图 3-1-21 所示。

（2）光耦电路设计。本项目中，输入信号是从行程开关传入的信号，输出信号是控制电动机、电磁阀的信号。为了避免弱电信号与强电信号之间的互相干扰，保护弱电器件，这里通过光线实现耦合，构成电—光和光—电转换的光耦电路实现信号传输，同时进行电信号的隔离。

本项目中，一共有三路输入信号，分别为来自行程开关的袋置好（DAI_RDY）、袋夹紧（DAI_TRIG）和秤斗门关（DOU_RDY）信号，因此采用三个光耦合器。为了保证光耦合器正常工作，上拉了 2k 的电阻排。光耦合器的三路输出经过三个非门（74LS04），分别控制大小绞龙电动机的起动与停止及秤斗门开与关。设计完成的光耦电路如图 3-1-22 所示。

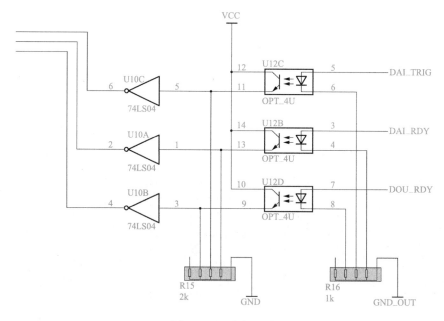

图 3-1-22　光耦电路

1.2.3　功率驱动电路设计

前面设计的都是低电压、小电流的弱电电路，不能直接驱动继电器，需要进行功率放大，这里功率驱动电路就是用来实现这个功能。

晶体管在电路中经常用来实现放大、开关和振荡等功能。本设计利用晶体管的开关和放大特性来驱动继电器。放大就是根据电路的需要把微弱的电信号放大成为较大的电信号；开关就是根据电路的需要和按照一定时序，对某些电路进行控制（如脉冲供电、脉冲控制信号等）。这里用到的晶体管放大和开关电路如图 3-1-23 所示。晶体管选TIP122 型晶体管，R1、R2、R3 为晶体管的放大提供偏置电阻，发光二极管做工作指示。

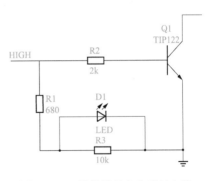

图 3-1-23　晶体管放大和开关电路

　　将图 3-1-23 所示的晶体管放大和开关电路接入继电器，如图 3-1-24 所示，就可以完成功率放大，驱动继电器动作。续流二极管（1N4007）给继电器提供泄放回路，保护继电器线圈。

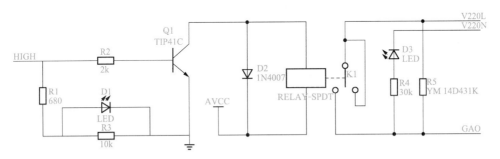

图 3-1-24　继电器线圈工作原理图

　　设计完的接口电路如图 3-1-25 所示。通过光耦合器把信号送入接口电路，信号进入接口电路产生分流，使指示灯 LED 显示；利用大功率晶体管的开关和放大特性使继电器导通，从而使继电器接通外部电路，控制大、小绞龙电动机及电磁阀。本电路已对计算机输入/输出电路进行了封装，图 3-1-25 中示出的是其接线端子。

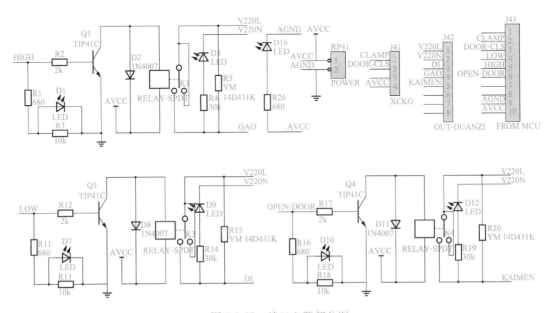

图 3-1-25　接口电路部分图

1.3　计算机控制打包秤强、弱电联调

在打包秤电气控制系统中的各个组成部分（软件、接口电路及驱动电路、电气控制柜）制作完成后，需要对其进行调试。调试过程应遵循由小到大、由局部到整体、由静态到动态的原则，顺序展开，不可越级测试。

结合打包秤电气控制系统的组成特点，将调试过程分为三个步骤：联机前的单件测试、联机单步动作测试和联机自动测试。

1.3.1　联机前的单件测试

联机测试前首先应保证各个组成部分能够正常工作运转。打包秤电气控制系统的单件测试可分为以下三个方面。

1. 打包秤软件测试

打包秤软件已经在本项目任务一测试完毕，这里可以直接使用，不用单独测试。

2. 接口电路和驱动电路测试

（1）输入/输出接口电路测试。用万用表按照图 3-1-25 所示电路，进行输入/输出接口电路测试。内容如下：

1）检查电源和地之间是否短路。

2）检查信号和电源、地之间是否短路。

如没短路故障，便可将接口电路板装入工控机；否则应按图 3-1-25 所示电路查找故障，并予以解决（主要可能故障是电路虚焊、错焊、元器件错位等）。

（2）驱动电路板测试。用万用表、5V 直流电源、220V/8V 变压器，按照图 3-1-25 进行测试，内容如下：

1）测试驱动电路板 5V 直流电源是否正确，观察指示灯是否能正常亮灭。

2）将 5V 直流电源接在驱动电路板的电源输入端，测试继电器是否正常工作，并观察指示灯是否正常亮灭。

3）将 5V 直流电源接在驱动电路板的数字量输入端，检查输入是否正常。

若有问题，按图 3-1-25 查找故障，并予以解决（常见故障是虚焊、焊错、元器件错位等）。

3. 电气控制柜测试

本篇使用训练篇完成的电气控制柜，该电气控制柜已在训练篇测试完毕，这个步骤在本篇可以省略。

1.3.2　联机单步动作测试

联机单步动作测试遵循由小到大的原则，将系统的三个组成部分先两两相联测试，然后再进行三位一体的总体测试

1. 软件与接口电路板、驱动电路板间的单步动作测试

在测试进行前，要先将做好的部分电路装配到一起，形成一个完整的计算机控制打包秤电气控制系统。装配步骤如下：

1）接口电路板装入工控机，注意插入插槽时要插到位，并固定好。

2）用 25 芯通信电缆线把接口电路板和驱动电路板连接起来，并将接头插紧固定。

3）用 220V/8V 变压器给驱动电路板供电。

4）将打包秤软件装入工控机。

5）启动工控机。

装配完成后，便可以进行软件与接口电路板、驱动电路板之间的单步动作测试，具体内容如下：

1）启动打包秤软件，打开"系统测试"对话框，如图 3-1-26。

2）点击"端口初始化"。

3）喂料测试。在点击不同喂料测试控制按钮时，观察低速、中速、高速喂料时继电器的闭合情况是否符合设计要求。

4）秤斗门测试。点击不同秤斗门控制按钮时，秤斗门控制继电器是否跟随动作，秤斗门关闭后输入开关量能否正常显示。

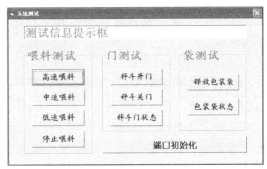

图 3-1-26　"系统测试"对话框

5）袋测试。夹袋机构控制继电器是否正常动作，袋夹紧后输入开关量能否正常显示。

测试过程中注意观察电路板上相应 LED 指示灯的变化以及软件测试信息提示框的信息提示。

2. 接口电路板、驱动电路板与电气控制柜间的单步动作测试

测试前，要首先完成接口电路板、驱动电路板与电气控制柜之间的装配。将驱动电路板

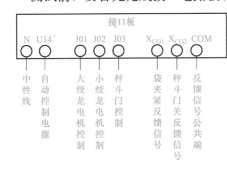

图 3-1-27　电气控制柜与接口电路板的接线

固定到绝缘板上，连同绝缘板一起安装到电气控制柜。安装完毕后，按照图 3-1-27 所示连接接口电路板与电气控制柜，再进行单步动作测试。先用万用表测试一下端子是否断开：V220L、V220N，V220L、GND，VCC_OUT、GND，VCC_OUT、V220L，220V 电源和所有 5V 直流电源。测试通过，给电气控制柜上电，进行手动测试：

1）把电气控制柜手动/自动旋钮放在手动。

2）按下 J01、J02 测试中低速喂料电动机。

3）按下 J03 测试秤斗门气缸。

3. 总体单步动作测试

待系统的三个组成部分两两相联的单步动作测试通过后，连接整个电气控制系统，即可进行总体单步动作测试。测试步骤如下：

1）把电气控制柜手动/自动旋钮放在自动位置。

2）通过软件中"系统测试"功能测试高、中、低速喂料时，绞龙电动机能否按照设计方案正常运行。

3）通过软件中"系统测试"功能测试秤斗门气缸、夹袋机构气缸是否按照设计方案正常运行。

4）分别手动按下袋夹紧和秤斗门关闭行程开关，看上位机"系统测试"对话框中的提

示信息。

1.3.3 联机自动测试

1. 测试准备

在联机自动测试环节，要接入称重传感器和称重显示器，按照称重显示器的标定调试说明书的要求，设置好称重显示器的分度值、小数点位数、满量程等参数。再用串口通信电缆连接工控机与称重显示器，使用打包秤软件中的"系统设置功能"设置好通信的波特率和端口号，要求能够在软件测试环节读出称重显示器上的质量数据，然后便可进行联机自动测试。

2. 测试内容

（1）将电气控制柜手动/自动旋钮置于自动位置。

（2）打开秤斗门，清空秤斗，松开包装袋。

（3）设置工控机上打包秤软件的生产控制参数，打开"设置实际生产任务"对话框，选择一个设置生产控制参数的生产品种，输入打包数量（≥2），点击"确定"按钮开始打包生产。

（4）由于秤斗门未关，软件应提示"秤斗门尚未关闭…"，喂料器不应起动。

将电气控制柜手动/自动旋钮置于手动位置，关闭秤斗门，再将电气控制柜手动/自动旋钮置于自动位置。

（5）开始喂料，软件显示质量信息。

（6）开始高速喂料，大小绞龙电动机运行指示灯亮。

（7）加至≥38kg（高速喂料停止质量），中速喂料，大绞龙电动机运行指示灯亮。

（8）加至≥45kg（中速喂料停止质量），低速喂料，小绞龙电动机运行指示灯亮。

（9）加至≥48kg（低速喂料停止质量），低速点动喂料，小绞龙电动机运行指示灯间歇亮。

点动时，应模拟实际生产过程中的喂料方式，每加一次料，要暂停一会儿，待计算机屏幕显示出稳定的质量数据后再确定是否继续喂料，不要采用连续喂料方式喂料。

（10）加至≥49.9kg（单包理论质量为50kg，质量允许偏差为2‰），喂料器应停止喂料，大小绞龙电动机运行指示灯熄灭。

（11）由于包装袋未夹紧，秤斗不允许开门，软件提示"包装袋尚未夹紧…"。

（12）按下袋夹紧行程开关，夹紧包装袋。

（13）秤斗料放完，秤斗门关闭，释放包装袋。

（14）重复（5）～（13）开始下一个打包流程。

3. 测试说明

（1）点动喂料的测试。在实际生产过程中，低速喂料停止质量设置合理，可以避免或减少点动喂料的发生。在联机自动测试时，应当模拟出发生点动和不发生点动两种情况，以检测系统的控制功能。

（2）秤斗门是否关闭和包装袋是否夹紧的测试。实际生产时，秤斗门未关闭，喂料器不允许下料；而包装袋未夹紧时，秤斗不允许开门放料。在联机自动测试时，应当模拟出这两种情况，以检测系统的控制功能。

单片机控制打包秤电气控制系统设计与制作

项目任务单（整体）

编制部门：　　　　　编制人：　　　　　编制日期：

项目编号	2	项目名称	基于单片机控制的自动打包秤设计与开发	学时	4
目的		1. 掌握自动打包秤的工作流程、执行部件、技术参数、电气控制要求 2. 掌握自动打包秤操作方式、联锁信号、电气控制系统设计分类 3. 通过设计使学生掌握单片机设计的一般思路和方法 4. 掌握常用单片机仿真软件的使用方法 5. 掌握常用绘图软件绘制和打印电路原理图的方法 6. 掌握自动打包秤控制柜整体设计、原理图设计、元器件布置图和接线图绘制 7. 制作自动打包秤电气控制柜			
工艺要求 及参数		1. 打包秤工作流程 2. 执行部件状态 (1) 喂料绞龙电动机 M1、M2 通电，拖动喂料绞龙工作，给秤斗送料 (2) 电磁阀 YV1 没电，气缸 1 活塞杆伸出，秤斗门关闭 　　电磁阀 YV1 有电，气缸 1 活塞杆缩回，秤斗门打开 (3) 电磁阀 YV2 没电，气缸 2 活塞杆伸出，打包袋松开 　　电磁阀 YV2 有电，气缸 2 活塞杆缩回，打包袋松开夹紧 3. 执行部件控制 (1) 喂料（高、中、低）三挡速度：由单片机控制绞龙电动机 M1、M2 实现 (2) 秤斗门（开、关）：由单片机控制电磁阀，电磁阀控制气缸实现 (3) 夹袋机构（夹紧、松开）：由手动开关控制电磁阀，电磁阀控制气缸实现 4. 技术参数 (1) M1——大绞龙电动机，Y802-6，1.1kW (2) M2——小绞龙电动机，Y802-6，1.1kW (3) YV1——电磁阀，SR561-RN35D，通过气缸间接控制秤斗门开、关 (4) YV2——电磁阀，SR561-RN35D，通过气缸间接控制打包袋夹紧、松开 5. 控制要求 打包秤可实现手动、自动两种控制方式（用钮子开关实现）。 (1) 单片机部分控制要求及工作过程 1) 对料斗重量进行实时采集 2) 利用称表头对采集的秤斗质量进行显示			

工艺要求及参数	3）能控制大绞龙电动机和小绞龙电动机起动和停止，分高、中和低三挡加料 4）能控制秤斗门的打开和关闭 5）能接收来自行程开关的打包袋夹紧信号和秤斗门关信号，并通过指示灯进行显示 6）自动打包秤的具体工作过程为 单片机首先采集打包袋夹紧信号和秤斗门关信号，如果打包袋夹紧并且秤斗门已经关闭，采集秤斗质量，并进行实时显示。 如果秤斗质量≤38kg（高速喂料停止质量），系统高速运行，大绞龙电动机和小绞龙电动机同时加料，高速指示灯点亮。 如果 38kg＜秤斗质量≤45kg（中速喂料停止质量），系统中速运行，大绞龙电动机加料、小绞龙电动机停止，中速指示灯点亮。 如果 45kg＜秤斗质量≤48kg（低速喂料停止质量），系统低速运行，小绞龙电动机加料、大绞龙电动机停止，低速指示灯点亮。 如果 48kg＜秤斗质量＜50kg（单包设置理论质量），系统点动运行，小绞龙电动机点动加料、大绞龙电动机停止。 如果秤斗质量≥50kg，大绞龙电动机和小绞龙电动机都停止。秤斗门打开，延时 4s 后秤斗门关闭。 单片机采集打包袋夹紧信号和秤斗门关信号，如果打包袋夹紧并且秤斗门已经关闭，循环执行上述过程。 （2）控制柜部分控制要求 1）绞龙电动机 M1、M2 单独起动，控制方式为点动 2）秤斗门开、关为点动 3）打包袋夹紧控制为长动，在秤斗门打开后延时 3～4s 打包袋松开 4）打包袋置好信号由行程开关 SQ1 实现 5）反馈计算机的打包袋夹紧信号由行程开关 SQ2 实现 6）控制面板上有电源显示，手动、自动时有显示 7）喂料时、秤斗开门时、打包秤夹紧时有显示
工具	1. Protel 99 电子绘图软件 2. KEIL C51 仿真软件 3. STC ISP 程序烧写软件 4. 实用电工手册
提交成果	1. 主要电路和元器件的分析论证 2. Protel 电路原理图及印制电路板（PCB）图 3. 程序流程图和源程序 4. 打包秤电气控制系统原理图 5. 打包秤电气控制系统布置图 6. 打包秤电气控制系统接线图 7. 打包秤电气控制柜外观设计图 8. 自动打包秤电气控制柜 9. 设计说明书
备注	

项目任务单（单片机控制电路部分）

编制部门：　　　　　　编制人：　　　　　　编制日期：

编号	2	名称	单片机控制打包秤单片机控制板设计与开发	学时	4
目的			1. 掌握单片机设计的一般思路和方法 2. 掌握常用单片机仿真软件的使用方法 3. 掌握常用绘图软件绘制和打印电路原理图的方法		
工艺要求 及参数			1. 利用双积分型 A/D 转换器 ICL7135 对秤斗质量进行实时采集 2. 利用数码管对采集的秤斗质量进行显示，段码以译码方式送给数码管，采用晶体管进行选通控制 3. 控制电动机与秤斗门的输出信号以及来自行程开关的打包袋夹紧信号和秤斗门关信号，利用锁存器 74HC373 进行锁存 4. 系统能通过按键设置为自动运行或手动控制状态，按键数量 6 个，采用独立式按键		
工具			1. Protel 99 电子绘图软件 2. KEIL C51 仿真软件 3. STC ISP 程序烧写软件		
提交成果			软件部分提交资料： 1. 程序流程图 2. 源程序 硬件部分提交资料： 1. 主要电路和元器件的分析论证 2. Protel 电路原理图、印制电路板（PCB）图 3. 单片机控制电路板一套		
备注					

2.1　控制电路的设计与制作

2.1.1　控制电路原理图

控制电路主要由光耦电路、输入控制电路和输出控制电路组成。

1. 光耦电路

光耦电路在本篇项目 1 中已经用到，本项目中光耦电路的设计思路与项目 1 相同。不同的是，这里增加了一路光耦电路，并将反相非门放置于输入端。系统的光耦电路如图 3-2-1 所示。输入 XDJ′、DDJ′、KDM′ 与 OUT-BY′ 来自单片机接口电路的输出锁存器，分别为小绞龙电动机、大绞龙电动机、秤斗门开关控制信号。如果输入信号是低电平，经过 74LS04 反相变为高电平，因为电阻排上拉高电平，这样光耦合器就不会导通，输出端晶体管截止，输出端为高电平（有效信号），控制电动机和秤斗门的信号就会传递给接口电路进行相应的动作；反之如果来自锁存器的输入信号是高电平，经过 74LS04 反相变为低电平，因为电阻排上拉高电平，光耦合器导通，输出端晶体管饱和导通，输出端为低电平（无效信号），不会产生任何动作。

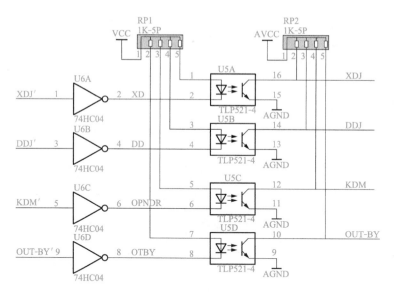

图 3-2-1　光耦电路

2. 输入控制电路

系统利用 74HC373 实现输入/输出信号的锁存。74HC373 芯片引脚功能说明见附录 M。输入控制电路图如图 3-2-2 所示。外部输入的包装袋状态信号（是否夹紧）、秤斗门状态信号（是否关好）经过光耦合器隔离传给 74HC373 锁存，当单片机的片选信号 P2.5 和读控制信号 RD 经过一个或非门后选中 74HC373（U2），就开始将 74HC373 锁存的数据送至 P0 口。

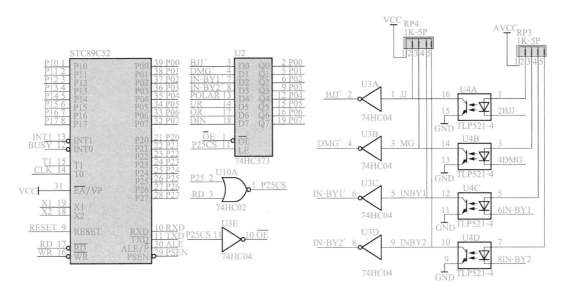

图 3-2-2   输入控制电路

3. 输出控制电路

输出控制电路图如图 3-2-3 所示，当单片机的 P2.6 和写控制信号 WR 经过或非门后选中 74HC373（U7），单片机就将控制大绞龙电动机、小绞龙电动机以及秤斗门开关的数据写进 74HC373 进行锁存，并经过光耦合器传给接口电路。

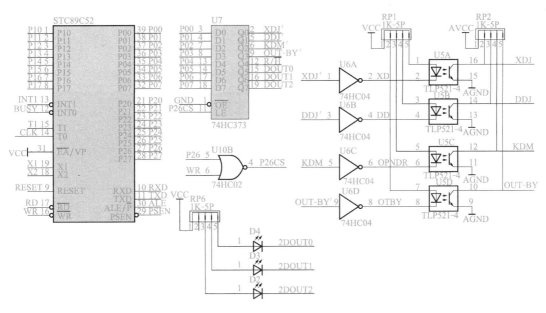

图 3-2-3   输出控制电路图

综合以上三个部分，就可以得到单片机控制电路整体电路，如图 3-2-4 所示。利用两个 74HC373 分别作为秤斗门的状态、包装袋是否夹紧的输入数据锁存器以及控制电动机高、中、低速和秤斗门开门关门的输出信号锁存器，实现了输入/输出信号的锁存控制。

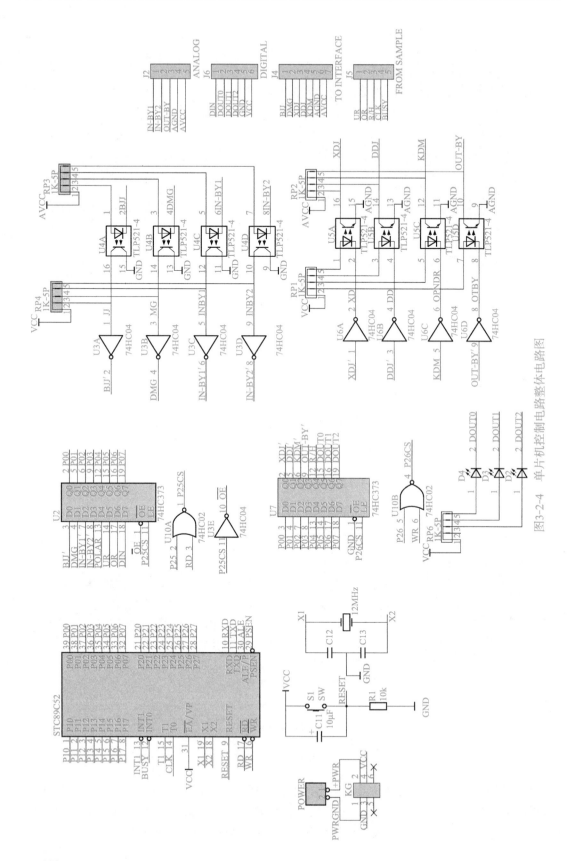

图3-2-4 单片机控制电路整体电路图

2.1.2　控制电路 PCB 图

按照图 3-2-4，利用 Protel 软件绘制完成的控制电路 PCB 图如图 3-2-5 所示。

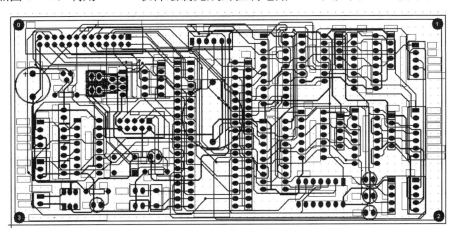

图 3-2-5　控制电路 PCB 图

2.1.3　控制电路程序设计

控制电路软件部分比较简单，这里利用程序控制点亮输出锁存器连接的 3 个 LED：D2、D3 和 D4，来调试控制电路功能。

1. 程序源代码

```c
#include "at89x52.h"
#include "absacc.h"
#define    uint unsigned int
#define    uchar unsigned char
#define    LED    XBYTE[0xbfff]//指示灯 P26
/* * * * * * * * * * 延时子程序 * * * * * * * * * * * * * * * * * /
void DelayMs(uint ms)
{
    uchar i;
    while(ms--){
    for(i=0; i<125;i++);
    }
}
/* * * * * * * * * * 主程序 * * * * * * * * * * * * * * * * * * /
void main(void)
{
  while(1)
  {
  LED=0x0f;
  DelayMs(500);
  LED=0xf0;
  DelayMs(500);
  }
}
```

2. 烧写程序，观察运行效果

将编译通过的 hex 文件烧写到单片机中，给电运行，应该观察到 3 个 LED 灯 D2、D3 和 D4 不停地闪烁，闪烁周期为 1s 左右。

2.2　按键显示电路设计

本项目中的按键显示电路主要由状态指示电路、数码管动态显示电路和按键电路组成。

2.2.1　按键显示电路原理图

1. 状态指示电路

状态指示电路原理图如图 3-2-6 所示。利用单片机地址线 P27 控制 74HC373 将 P0 口送来的数据 D0-D7 进行锁存，进而控制 8 个 led 灯点亮。规定当数据线为低电平时相应的 led 灯点亮，反之熄灭。

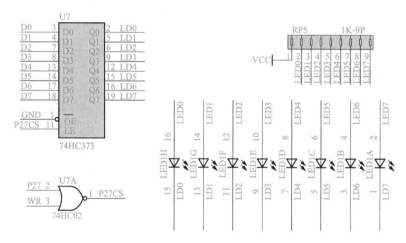

图 3-2-6　状态指示电路原理图

2. 数码管动态显示电路

系统采用 8 个七段数码管进行数据显示，常用的七段数码管引脚说明见附录 K。

数码管的显示方式分静态显示和动态显示。静态显示的特点是数码管的各个字段能稳定显示各自字形；动态显示是指各字段轮流、一遍一遍地显示各自的字符，人们因视觉暂留惰性而看到的是各字段似乎在同时显示。静态显示时，各字段相应的发光二极管恒定地导通或截止。静态显示的优点是显示稳定，在发光二极管导通电流一定的情况下，显示亮度大；其缺点是位数较多时，显示端口数量要随着增加。

系统利用两片 74HC373 分别对数码管的段线和位线进行数据锁存，实现 8 个数码管的动态显示。数码管动态显示电路如图 3-2-7 所示。利用单片机地址线 P20 控制 74HC373（U3）将 P0 口送来的数据 D0-D7 进行数据锁存，进而控制数码管的段线，决定数码管显示的字形。利用单片机地址线 P21 控制 74HC373（U4）将 P0 口送来的数据 D0～D7 进行锁存，控制晶体管 T0～T7 的通断，进而控制 8 个数码管的位线，决定哪个数码管可以显示。

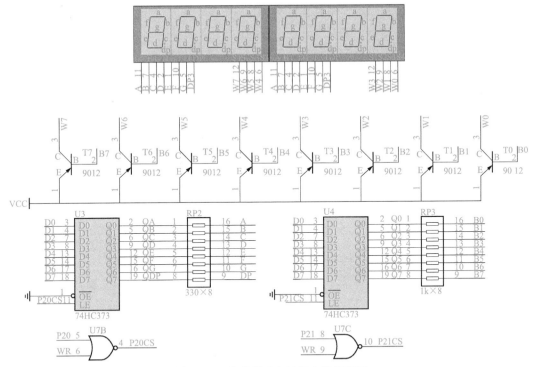

图 3-2-7 数码管动态显示电路原理图

3. 按键电路

单片机应用系统中，按键主要有两种形式：独立式按键和矩阵式按键。独立式按键的每个按键都单独接到单片机的一个 I/O 口上，通过判断按键端口的电位即可识别按键操作。独立式按键的优点是电路简单；缺点是当按键数较多时，要占用较多的 I/O 口。为了减少 I/O 口的占用，通常将按键排列成矩阵形式。在矩阵式按键中，每条水平线和垂直线在交叉处不直接连通，而是通过一个按键加以连接。这样，一个端口（如 P1 口）就可以构成 4×4＝16 个按键，比直接将端口线连接独立式按键多出了三倍，而且线数越多，矩阵式按键的优势越明显。

考虑到系统以后的功能扩展，采用 4×4 矩阵式按键，通过行列交叉按键编码进行识别。矩阵式按键电路原理图如图 3-2-8 所示。利用 P10～P13 做行线，P14～P17 做列线。当任何一

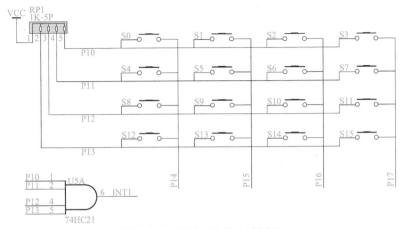

图 3-2-8 矩阵式按键电路原理

行有按键按下，都会通过与门触发单片机的外部中断，单片机对按键进行扫描，通过编码可以进行 16 个按键的识别。

综合以上三个部分，可以得到完整的按键和显示电路整体电路，如图 3-2-9 所示。

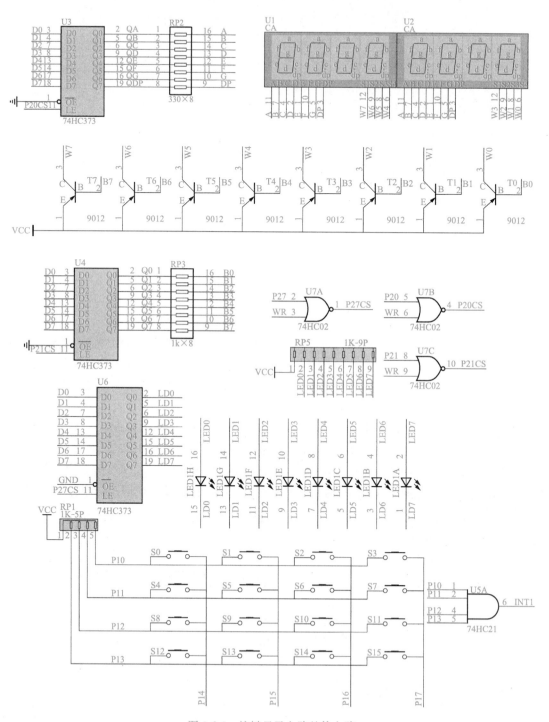

图 3-2-9　按键显示电路整体电路

2.2.2　按键显示电路 PCB 图

根据图 3-2-9，用 Protel 软件画出按键显示电路 PCB 图如图 3-2-10 所示。

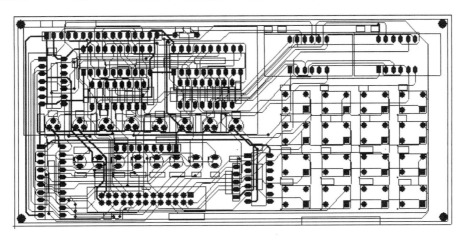

图 3-2-10　按键显示电路 PCB 图

2.2.3　按键显示电路程序设计

为了调试按键显示电路的功能，这里利用中断方式识别按键，并将按键值在数码管上面进行显示。

1. 程序源代码

```c
#include "my51.h"
#define DEG XBYTE[0xfeff]
#define WEI XBYTE[0xfdff]
#define LED XBYTE[0x7fff]
unsigned char aa[]={0,18,18,14,17,19,19,19};
unsigned char code tab[]={0xc0,0xf9,0xa4,0xb0,0x99,
                          0x92,0x82,0xf8,0x80,0x90,
                          0x88,0x83,0xc6,0xa1,0x86,
                          0x8e,0xbf,0x89,0xc7,0xff};
unsigned char disbuf[8]={19,19,19,17,14,18,18,0};  //显示 hello
unsigned char disbitcode[8]={0x7f,0xbf,0xdf,0xef,0xf7,0xfb,0xfd,0xfe}; //定义显示字段码变量
unsigned char bufcnt=0;
unsigned char flag=0x00;
unsigned char key_num=0xff;key_value=0xff;
unsigned char i;
void key_scan(void);
scan(unsigned char k);
void WriteBuf(uchar dispbuf0,uchar dispbuf1,uchar dispbuf2,uchar dispbuf3,uchar dispbuf4,uchar dispbuf5,uchar dispbuf6,uchar dispbuf7);
//延时子程序
void DelayMs(uint ms)
{
```

```
    uchar i;
    while(ms- -){
    for(i=0; i<125;i++);
    }
}
/* * * * * * * 定时器显示中断 * * * * */
void timer0(void) interrupt 1
{

WEI=0xff;
bufcnt=++bufcnt%8;
DEG=tab[disbuf[bufcnt]];
WEI=disbitcode[bufcnt];
TH0=-(1000/256);
TL0=-(1000%256);
}
/* * * * * * * 按键中断 * * * * */
void ex1(void) interrupt 2
{
key_scan();
key_value=key_num;key_num=0xff;
P1=0x0f;
}
void WriteBuf(uchar dispbuf0,uchar dispbuf1,uchar dispbuf2,uchar dispbuf3,uchar dispbuf4,uchar dis-
pbuf5,uchar dispbuf6,uchar dispbuf7)
    {
    disbuf[0]=dispbuf0;
    disbuf[1]=dispbuf1;
    disbuf[2]=dispbuf2;
    disbuf[3]=dispbuf3;
    disbuf[4]=dispbuf4;
    disbuf[5]=dispbuf5;
    disbuf[6]=dispbuf6;
    disbuf[7]=dispbuf7;
    }
/* * * * * * * * * * * 主程序 * * * * * * * * * * * * */
main()
{
EA=1;
TMOD=0x01;
ET0=1;
TL0=-(1000%256);
TH0=-(1000/256);
```

```
TR0=1;
EX1=1;
IT1=1;
P1=0x0f;
WriteBuf(19,19,19,17,14,18,18,0);
while(1)
{
if (key_value==0xff) WriteBuf(19,19,19,17,14,18,18,0);
else WriteBuf(key_value,key_value,key_value,key_value,key_value,key_value,key_value,key_value);
}
}
/* * * * * * * * * *键值处理子程序* * * * * * * * * */
scan(unsigned char k)
{unsigned char re;
switch(k)
{
case 1:re=0;break;
case 2:re=1;break;
case 4:re=2;break;
case 8:re=3;break;
}
return re;
}
/* * * * * * * * * *4*4按键处理子程序* * * * * * * * * */
void key_scan(void)
{
  unsigned char m,n;
  P1=0x0f;   //00001111              //列全0,行扫描
  DelayMs(1);
  if(P1! =0x0f)         //是否有键按下
  {P1=0x0f;
    DelayMs(20);
    m=P1&0x0f;          //取行值,屏蔽列
    if(m! =0x0f)
    {m=m^0x0f;
      m=scan (m);
      P1=0xf0;
      DelayMs (20);
      n=P1;
      if (n! =0xf0)
      { n=n>>4;
        n=n^0x0f;
        n=scan (n);
```

```
        key _ num＝4 * m＋n;
      }
    }
    P1＝0x0f;
    while（P1！ ＝0x0f）;
    }
}
```

2. 烧写程序，观察运行效果

按下不同按键，8 个数码管上同时显示该键值。如按下 6 号按键，会显示 8 个 6，如图 3-2-11所示。

图 3-2-11　按键显示电路运行效果图

2. 3　信号采集电路设计

信号采集电路主要由信号放大电路和 A/D 转换电路组成。

2.3.1　信号采集电路原理图

1. 信号放大电路

信号放大电路利用两片 ICL7650 芯片对传感器微弱信号放大，实现对信号的处理。ICL7650 是 Intersil 公司利用动态校零技术和 CMOS 工艺生产的斩波稳零式高精确度运放，它具有输入偏置电流小、失调小、增益高、共模抑制能力强、响应快、漂移低、性能稳定及价格低廉等优点，常用在热电偶、电阻应变电桥、电荷传感器等测量微弱信号的前置放大器中。ICL7650 引脚说明与工作原理见附录 N。

信号采集电路对传感器信号进行两级放大：

第一级放大是差动放大，如图 3-2-12 所示。输入信号以共模形式接到了 ICL7650 的正信号输入端和负信号输入端，这时的放大倍数很小，为

$$K_1＝R_f/R_1＝3.3$$

因此，在差动放大环节，不是为了获得很大的放大倍数，主要是提高放大电路的输入阻抗，起到信号隔离的作用。

第二级放大是同相比例放大，如图 3-2-13 所示。输入信号接到了 ICL7650 的正信号输入端，主要作用是进一步放大前级的输出信号，放大倍数为

$$K_2＝1＋R_{15}/R_{11}＝19$$

这级主要实现信号放大，使传感器得来的传感信号幅值增大，达到后续器件输入信号幅值的要求。

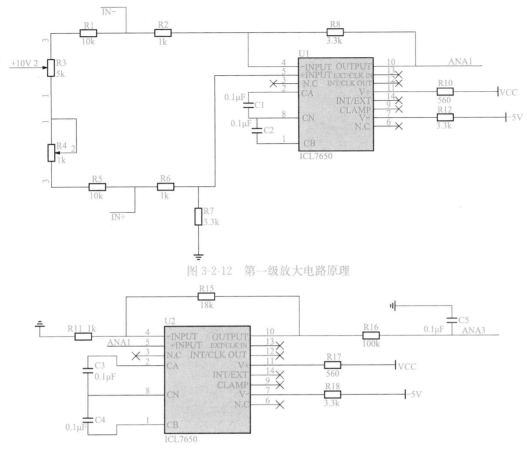

图 3-2-12　第一级放大电路原理

图 3-2-13　第二级放大电路原理图

两级放大电路的电路放大倍数为

$$K=K_1K_2=62.7$$

当来自传感器的信号幅值不超过 30mV 时，经过两级放大后输出幅值小于 1.8V，不超过 A/D 转换器 ICL7135 的最大输入量程 2V，可以正常工作。

2. A/D 转换电路

由称重传感器获得的是连续变化的模拟信号，不能直接输入单片机进行处理，因此需要在输入单片机之前，先进行模拟电压到数字信号的转换，这里由 ICL7135 实现。ICL7135 是双斜积分式 4 位半单片 A/D 转换器，BCD 码格式输出，具有精确度高、抗干扰能力强的特点。ICL7135 引脚说明与工作原理见附录 O。

本项目的 A/D 转换电路原理图如图 3-2-14 所示。图中 1403 是稳压芯片，为 ICL7135 的 REF 引脚提供 1V 基准电压（需调节电位器 R31 实现）。4069 构成了一个多谐振荡电路，输出大约 250kHz 的脉冲信号至 ICL7135 的 CLK 引脚。转换完成的数据以 BCD 码格式在引脚 B1、B2、B4、B8 输出。输出信号经过 74LS247 译码，作为字形码驱动数码管。74LS247 引脚功能与工作原理见附录 L。ICL7135 的 D1、D2、D3、D4、D5 引脚通过 5 个晶体管控制数码管的公共端，由数码管动态显示 A/D 转换完成的数据。

3. ICL7135 与单片机的接口实现

ICL7135 与单片机的接口有三种方式。第一种是 ICL7135 的 BCD 码数据输出端（B8、

117

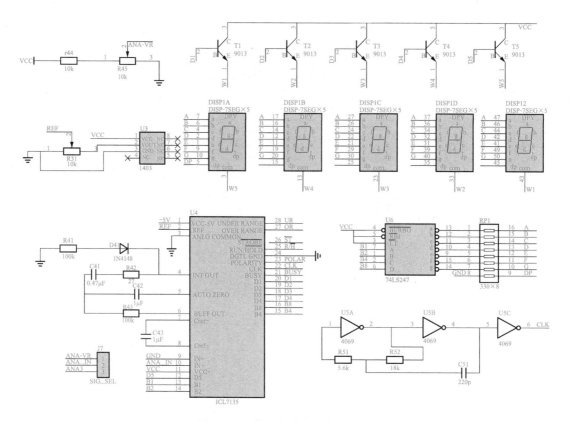

图 3-2-14　第二级放大电路原理图

B4、B2、B1）和位驱动信号（D5、D4、D3、D2、D1）均与单片机相连的并行接口方式，第二种是 ICL7135 的 BCD 码数据输出端（B8、B4、B2、B1）和允许输出状态端（$\overline{\text{STROBE}}$）与单片机相连的并行接口方式，第三种是 ICL7135 A/D 转换器的工作状态信号输出端（BUSY）与单片机相连的串行接口方式。

本项目采用的是串行接口方式，ICL7135 与单片机的接口电路如图 3-2-15 所示。只需要三根信号线就可以把 ICL7135 转换完成的数据送入单片机，大大节省了单片机的 I/O 资源。

将单片机的引脚 P07 信号（74HC373 锁存信号）接到 ICL7135 的 RUN/$\overline{\text{HOLD}}$来启动 A/D 转换；单片机的$\overline{\text{INT0}}$引脚接 ICL7135 的 BUSY 引脚，用来接收 A/D 转换状态输出。振荡电路输出频率为 250kHz 的脉冲信号，一方面接至 ICL7135 的时钟输入端（CLK），为 ICL7135 提供时钟信号；另一方面接至单片机 T0 计数器的计数输入端，以单片机对 ICL7135 时钟周期进行计数。

将单片机定时/计数器的模式控制寄存器 TMOD 中 T0 的 C/$\overline{\text{T}}$ 位设置为 1，使 T0 工作于对外部脉冲计数的方式；将 TMOD 中 T0 的 GATE 位和控制寄存器 TCON 中的 TR0 位都设置为 1，使只有当$\overline{\text{INT0}}$引脚为 1 时，T0 才对外部脉冲进行计数。

首先单片机送出 R/$\overline{\text{H}}$ 高电平信号，启动 ICL7135 进行 A/D 转换。在 A/D 转换进入被测电压积分阶段时，ICL7135 的 BUSY 端出现上升沿，使单片机的$\overline{\text{INT0}}$引脚为 1，定时/计数器 T0 立即起动，对 T0 引脚输入的脉冲（即 ICL7135 的时钟脉冲 CLK）进行计数。在 A/D 转换的基准电压反积分阶段结束时，ICL7135 的 BUSY 端出现下降沿，使单片机的$\overline{\text{INT0}}$引脚变为 0，定时/计数器 T0 停止计数，同时 BUSY 端的下降沿也触发了单片机的

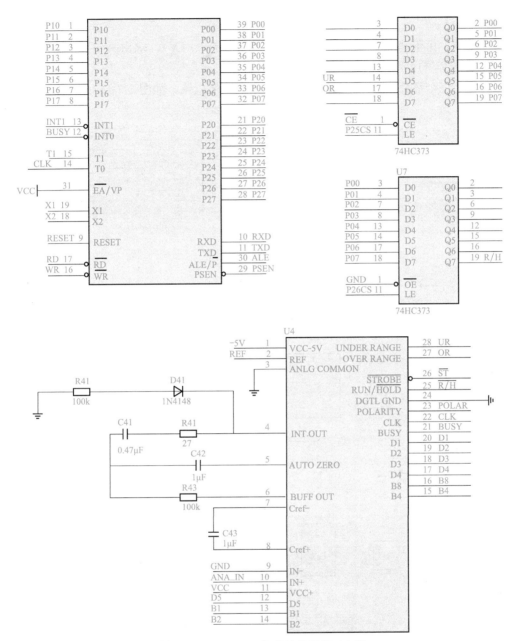

图 3-2-15 ICL7135 与单片机的接口电路

$\overline{\text{INT0}}$ 中断，通过 $\overline{\text{INT0}}$ 中断服务程序读出定时/计数器 T0 的计数结果 S，即完成被测电压积分阶段和基准电压反积分阶段所需的时钟脉冲数的总和。由于被测电压积分阶段的时间是固定的 10000 个时钟脉冲，用定时/计数器 T0 的计数结果 S 减去输入积分阶段的计数值 10000，即得到基准电压反积分阶段的计数值 N 为

$$N = S - 10000$$

被测电压积分阶段和基准电压反积分阶段的积分电压和积分时间满足关系式

$$10000 V_{\text{in}} = N V_{\text{Ref}}$$

经过简单变换，可得输入模拟电压的计算公式

$$V_{in} = V_{Ref} N / 10000$$

在上式中，由于基准电压 V_{Ref} 是已知的（本系统中为 1V），求出 N 后，就可以计算出模拟输入信号 V_{in} 的大小。

综合以上三个部分，就可以得到信号采集电路整体电路，如图 3-2-16 所示。

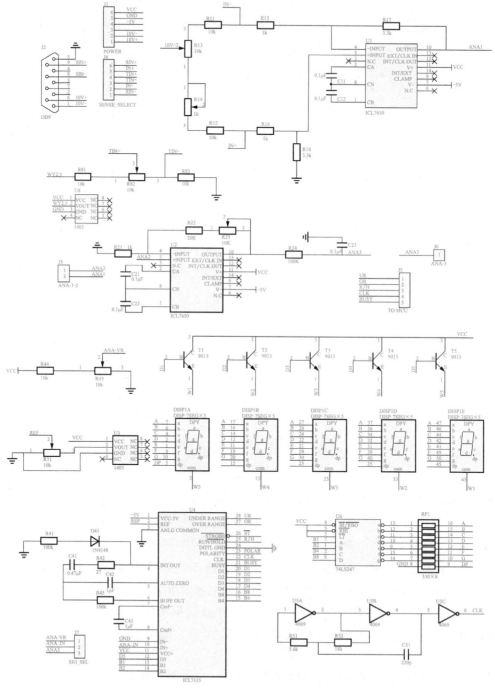

图 3-2-16　信号采集电路整体电路

2.3.2　信号采集电路 PCB 图

按照图 3-2-16，可画出信号采集电路 PCB 图，如图 3-2-17 所示。

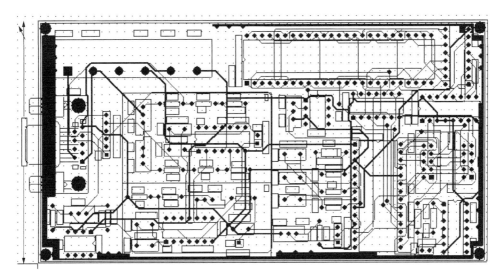

图 3-2-17　信号采集电路 PCB 图

2.3.3　信号采集电路程序设计

为了调试按键显示板的功能，调节模拟称重传感器的电位器，产生幅值为 20mV 左右的模拟电压信号，并将放大电路的放大倍数设置在 80 左右。

1. 程序源代码

```
#include <MY51.h>
#include "absacc.h"
#define  uint unsigned int
#define  uchar unsigned char
#define  WEI  XBYTE[0xfdff]//位控
#define  DUAN XBYTE[0xfeff]//段控
#define  RELAY  XBYTE[0xbfff]//输出

uchar dispbitcode[6]={0xfe,0xfd,0xfb,0xf7,0xef,0xdf};
uchar dispbuf[6]={0x00,0x00,0x00,0x00,0x00,0x00};
unsigned char code tab[]={0xc0,0xf9,0xa4,0xb0,0x99,
                    0x92,0x82,0xf8,0x80,0x90,
                    0x88,0x83,0xc6,0xa1,0x86,0x8e
                    };//字形码
uchar dispbitcnt;              //显示缓冲区变量
uchar mstcnt;                  //毫秒计数变量
uint clk_num;
uint temp;
uchar relaybuf=0xff;           //指示
```

```
//＊＊＊＊＊＊＊＊＊＊＊＊延时子程序＊＊＊＊＊＊＊＊＊＊＊＊＊//
delayms(uint ms)
{
    uchar i;
    while(ms--)
    {
    for(i=0；i<125；i++)；
    }
}
//＊＊＊＊＊＊＊INT0中断数据处理子程序——读取A/D转换结果＊＊＊＊＊＊＊＊＊＊//
void ad(void) interrupt 0 using 0
{
  clk_num＝TH0＊256＋TL0；
  clk_num＝clk_num-10000；
  temp＝clk_num/3.6；
  dispbuf[0]＝temp%10；
  dispbuf[1]＝temp%100/10；
  dispbuf[2]＝temp%1000/100；
  dispbuf[3]＝temp/1000；
  TH0＝0x00；
  TL0＝0x00；
}
//＊＊＊＊＊＊＊T1中断数码管显示子程序——数码管显示定时中断＊＊＊＊＊＊＊＊＊＊//
void display(void) interrupt 3 using 1
{
    mstcnt++；
    if(mstcnt==10)
    {
      mstcnt＝0；
      WEI＝dispbitcode[dispbitcnt]；//送位码
      if(dispbitcnt==2)
        DUAN＝tab[dispbuf[dispbitcnt]]&0x7f；//送段码
      else
        DUAN＝tab[dispbuf[dispbitcnt]]；//送段码
      dispbitcnt++；
      if(dispbitcnt==6)//位循环
      {
        dispbitcnt＝0；
      }
    }
}
//＊＊＊＊＊＊＊＊＊＊＊＊＊主程序＊＊＊＊＊＊＊＊＊＊＊＊＊//
main()
```

```
{
PT1=1;//显示中断优先
TMOD=0x2d;//T0:gate=1;计数方式:方式1,计CLK脉冲数;由int0=1触发
TH1=0x06;//T1:用于对数码管定时,方式2;gate=0
TL1=0x06;
TR1=1;
ET1=1;
TH0=0x00;//T0:对7135的CLK进行计数
TL0=0x00;
TR0=1;
ET0=1;
IT0=1;//外部中断0:下降沿触发,连接busy信号,busy下降沿触发
EX0=1;
EA=1;
relaybuf=0xff;//启动7135采集秤斗质量
RELAY=relaybuf;
while(1)
{
}
}
```

2. 烧写程序，观察运行效果

程序编译正确，并烧写在单片机中运行，这时在信号采集电路的数码管上面应该显示 1.8000 左右的数值，和利用单片机读取的数值做对比，二者应该基本一致。

2.4　接口电路设计

2.4.1　接口电路原理图

接口电路原理图如图 3-2-18 所示。接口电路有三路，分别实现对大绞龙电动机、小绞龙电动机和秤斗开门的信号驱动。现以小绞龙电动机驱动电路为例进行说明。

小绞龙电动机驱动电路原理图如图 3-2-19 所示。利用 TIP122 功率晶体管对继电器进行驱动。当输入信号 XDJ（来自光耦电路的输出信号）为高电平时，TIP122 导通，为后边的继电器提供吸合电流，同时点亮基极发光二极管 D1，指示该路信号导通。当继电器吸合时，K1 打到左边，XDJ 引脚得到 220V 电压，去控制后面的接触器（在电气控制柜上），最后控制小绞龙电动机运行进行喂料；反之，小绞龙电动机停止喂料。利用二极管（1N4007）给继电器提供泄放回路，保护继电器的线圈。

2.4.2　接口电路 PCB 图

根据图 3-2-18，画出接口电路 PCB 图如图 3-2-20 所示。

2.4.3　接口电路程序设计

为了调试接口电路的功能，利用 4 个按键分别控制实现高速喂料、中速喂料、低速喂料和开秤斗门的功能。

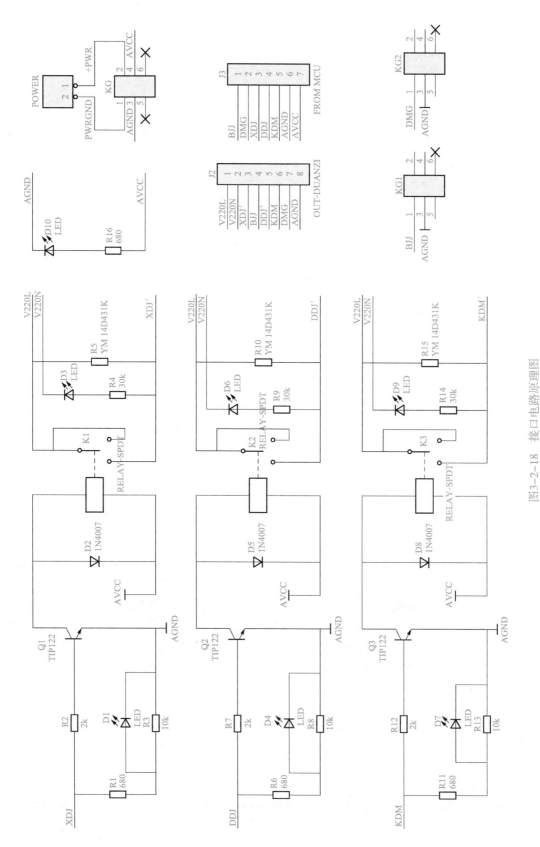

图 3-2-18 接口电路原理图

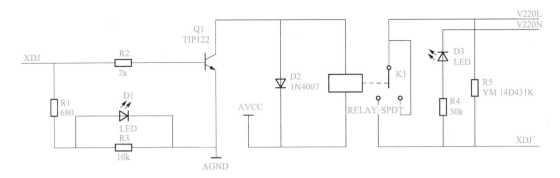

图 3-2-19　小绞龙电动机驱动电路原理图

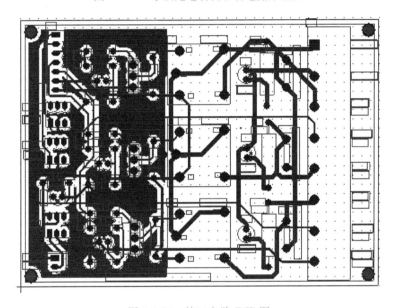

图 3-2-20　接口电路 PCB 图

1. 程序源代码

```
#include <MY51.h>
#include "absacc.h"
#define uint unsigned int
#define uchar unsigned char
#define   RELAY  XBYTE[0xbfff]//输出 P26
#define   LED   XBYTE[0x7fff]//指示灯 P27
#define   XCKG  XBYTE[0xdfff]//输入 P25
uchar key_num=0xff;
uchar ledbuf=0x00,relaybuf=0xff;  //指示
uchar xckgbuf,xckgbuf1,xckgbuf2;
void rdxckg(void);//读取行程开关
void key_scan(void);//按键处理
scan(unsigned char k);//键值处理
void  handpack(void);  //手动控制
```

```
//＊＊＊＊＊＊＊＊＊＊＊读取行程开关并送显示＊＊＊＊＊＊＊＊＊＊＊＊＊//
void rdxckg(void)
{
xckgbuf1＝XCKG；
xckgbuf2＝xckgbuf1&0x03；//袋夹紧和秤斗门关按下后，单片机得到相应的高电平信号
xckgbuf2＝～xckgbuf2；
ledbuf＝ledbuf|0x03；//指示灯点亮，为低电平，袋夹紧和斗门关首先都熄灭
ledbuf＝ledbuf&xckgbuf2；
LED＝ledbuf；
}
//＊＊＊＊＊＊＊＊＊＊＊延时子程序＊＊＊＊＊＊＊＊＊＊＊＊＊//
delayms(uint ms)
{
    uchar i；
    while(ms--)
    {
    for(i=0；i<125；i++)；
    }
}
//＊＊＊＊＊＊INT1中断按键处理子程序＊＊＊＊＊＊＊＊＊＊＊＊//
void keyscan(void) interrupt 2 using 0
{
key_scan()；
handpack()；
key_num＝0xff；
}
/＊＊＊＊＊＊＊＊＊＊＊手动打包处理子程序＊＊＊＊＊＊＊＊＊＊＊＊＊＊＊/
void handpack(void)
{

/＊＊＊＊＊＊＊低速＊＊＊＊＊＊/
if(key_num＝＝12)
{
ledbuf＝(ledbuf|0x0c)&0xfb；//小绞龙电动机运行指示灯亮
relaybuf＝relaybuf&0xf8|0x0e；//小绞龙电动机运行——低速
}
/＊＊＊＊＊＊＊中速＊＊＊＊＊/
if(key_num＝＝13)
{
ledbuf＝(ledbuf|0x0c)&0xf7；//大绞龙电动机运行指示灯亮
relaybuf＝relaybuf&0xf8|0x0d；//大绞龙电动机运行——中速
}
/＊＊＊＊＊＊＊高速＊＊＊＊＊＊/
```

```
if(key_num==14)
{
        ledbuf=(ledbuf|0x0c)&0xf3;//大、小绞龙电动机运行指示灯亮
        relaybuf=relaybuf&0xf8|0x0c;//大、小绞龙电动机运行——高速
}
/******秤斗门控制********/
if(key_num==15)
{
        ledbuf=(ledbuf|0x0c);//电动机运行指示灯全灭
        relaybuf=relaybuf&0xf0|0x0b;//打开秤斗门
}
LED=ledbuf;
RELAY=relaybuf;
key_num=0xff;
}
/*************主程序**************/
main()
{
        P1=0x0f;
        IT1=1;//外部中断1:下降沿触发,按键触发
        EX1=1;
        EA=1;
        ledbuf=0xff;//指示灯全部熄灭
        relaybuf=0xff;//电动机全部停止,低电平控制电动机运行
        LED=ledbuf;
        RELAY=relaybuf;
        while(1)
        {rdxckg();delayms(100);
        }
}
/*********4*4按键处理子程序**********/
void key_scan(void)
{unsigned char m,n;
P1=0x0f;                    //列全0,行扫描
delayms(1);
if(P1!=0x0f)                //是否有键按下
{    P1=0x0f;
    delayms(20);
    m=P1&0x0f;
    if(m!=0x0f)
     {m=m^0x0f;
      m=scan(m);
      P1=0xf0;
```

```
        delayms（20）；
        n＝P1；
        if（n!＝0xf0）
         {n＝n＞＞4；
          n＝n^0x0f；
          n＝scan（n）；
          key_num＝4*m＋n；
         }
        }
   P1＝0x0f；
   while（P1!＝0x0f）；
  }
 }
/***********键值处理子程序**********/
scan（unsigned char k）
{    unsigned char re；
     switch（k）
      {
       case 1：re＝0；break；
       case 2：re＝1；break；
       case 4：re＝2；break；
       case 8：re＝3；break；
      }
     return re；
}
```

2. 烧写程序，观察运行效果

当 12 号按键按下，小绞龙电动机运行，实现低速喂料，同时小绞龙电动机运行指示灯亮；当 13 号按键按下，大绞龙电动机运行，实现中速喂料，同时大绞龙电动机运行指示灯亮；当 14 号按键按下，大、小绞龙电动机都运行实现高速喂料，同时大、小绞龙电动机运行指示灯都点亮；当 15 号按键按下打开秤斗门，电动机运行指示灯全灭。

2.5   打包秤单片机控制系统整体调试

2.5.1   硬件连线

单片机控制打包秤控制系统以 STC89C52 单片机为核心控制器件，由控制电路、信号采集电路、按键显示电路、接口电路等组成，系统框图如图 3-2-21 所示。

系统采用手动/自动切换方式。手动状态下，系统的高、中、低速喂料可分别通过高、中、低速按钮来控制，开秤斗门由开门按钮控制。自动状态下，单片机首先通过行程开关采集袋夹紧信号和秤斗门关信号，如果袋已经夹紧并且斗门已经关闭，则开始采集秤斗质量；秤斗的质量信号通过信号采集电路传送给控制电路，控制电路处理后将质量数据送给显示电路，显示秤斗的质量，同时通过接口电路驱动喂料电动机和秤斗门的电磁阀进行相应的动

128

作。按键电路的作用是在单片机出现问题时方便独立调试检测。

2.5.2　程序流程图设计

1. 主程序流程图

主程序流程如图 3-2-22 所示。系统开始运行后，先对工作方式控制寄存器进行初始化设置：定时器 T0 采取工作方式 1 即计数方式，gate＝1，由 INT0 高电平触发，用于对 ICL7135 的时钟脉冲计数；定时器 T1 采用工作方式 2 即定时方式，gate＝0，用于对数码管定时。

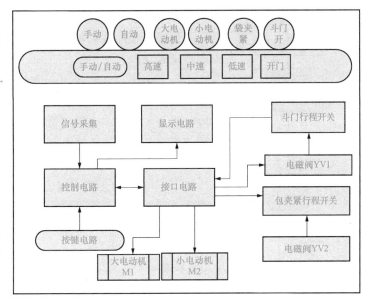

图 3-2-21　单片机打包秤电气控制系统框图

外部中断采用下降沿触发方式，当 EA＝1 时总中断开。

当运行状态标志位 start＝1 时系统启动，手动/自动切换由运行方式标志位 function 确定。秤斗门关时，开始采集质量信号，自动打包。

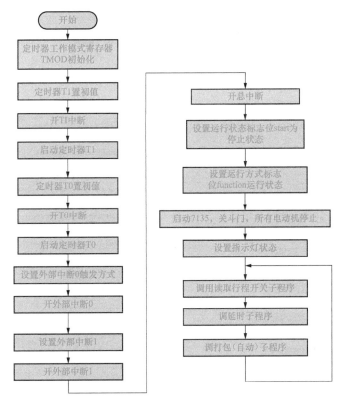

图 3-2-22　主程序流程

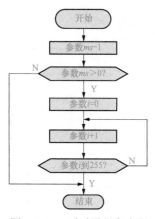

图 3-2-23 延时子程序流程

2. 延时子程序流程图

延时子程序流程如图 3-2-23 所示。通过变量进行自加循环实现延时功能。

3. 读行程开关子程序流程图

读行程开关子程序流程如图 3-2-24 所示。通过外部地址读取行程开关状态字（取其低两位的状态），并将低两位的状态字写入缓存区，通过控制电路将信号传入显示电路显示。

4. INT0 中断子程序流程图

INT0 中断子程序用来进行秤斗质量数据的处理，其流程如图 3-2-25 所示。中断开始，首先读取 ICL7135 总积分计数次数，再读取反向积分计数次数，二者相减除以相应的比例数得到最后的质量值。

5. 定时器 T1 中断子程序流程图

定时器 T1 中断子程序用来控制数码管显示，其流程如图 3-2-26 所示。T1 中断开始，变量 mstcant 加 1。当 mstcant＝10 的时候，通过控制电路向显示电路 74HC373 送位码和段码，dispbitcnt 加 1。当 dispbitcnt＝6 时，dispbitcnt 清 0，中断返回。

6. 按键子程序流程图

按键子程序流程如图 3-2-27 所示。系统启动后，默认的运行方式为自动。当外部中断触发后，系统以手动方式运行，并依据采集秤斗质量数据，分别按下高、中、低按钮进行高、中、低速喂料，等待袋夹紧后，按下开门按钮放料，手动过程结束。

7. 自动打包子程序流程图

自动打包子程序流程如图 3-2-28 所示。自动运行状态下读取行程开关的状态，并判断秤斗门状态，根据经过 A/D 转换器

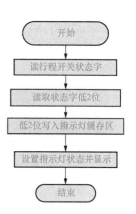

图 3-2-24 读行程开关子程序流程

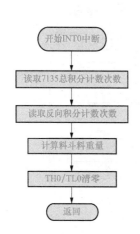

图 3-2-25 INT0 中断子程序流程

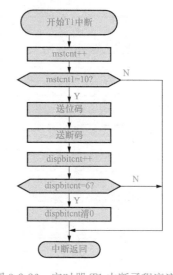

图 3-2-26 定时器 T1 中断子程序流程

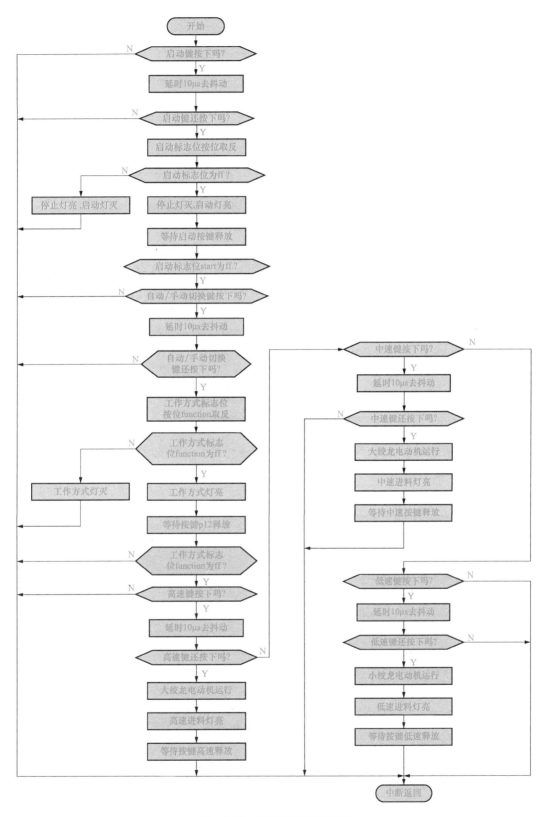

图 3-2-27　按键子程序流程图

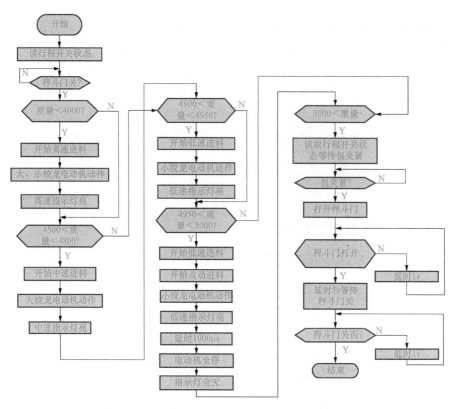

图 3-2-28　自动打包子程序流程图

ICL7135 转换后的数据进行高、中、低速喂料，并通过显示电路显示秤斗质量。

2.5.3　程序源代码设计

```
#include <MY51.h>
#define uint unsigned int
#define uchar unsigned char
#define   WEI   XBYTE[0xfdff]//位控
#define   DUAN XBYTE[0xfeff]//段控
#define   RELAY  XBYTE[0xbfff]//输出
#define   XCKG  XBYTE[0xdfff]//输入
#define   LED  XBYTE[0x7fff]//指示灯
uchar dispbitcode[6]={0xfe,0xfd,0xfb,0xf7,0xef,0xdf};
uchar dispbuf[6]={0x00,0x00,0x00,0x00,0x00,0x00};
unsigned char code tab[]={0xc0,0xf9,0xa4,0xb0,0x99,
                          0x92,0x82,0xf8,0x80,0x90,
                          0x88,0x83,0xc6,0xa1,0x86,0x8e
                          };//字形码

uchar dispbitcnt;             //显示缓冲区变量
uchar mstcnt;                 //毫秒计数变量
uint clk_num;
```

```
uint temp=0x00;
uchar temp_cnt=0;
uint temp_buf[6]={0};
uchar function=0x00;
uchar ledbuf=0xff,relaybuf=0xff;
uchar xckgbuf,xckgbuf1,xckgbuf2,xckgbuf3,xckgbuf4,bjjflag;
/* * * * * * * * * * * *延时子程序* * * * * * * * * * * * * */
delayms(uint ms)
{
    uchar i;
    while(ms--)
    {
    for(i=0; i<125;i++);
    }
}
/* * * * * * * * * * * *读取行程开关状态并送显示* * * * * * * * * * * * * */
void rdxckg(void)
{
    xckgbuf1=XCKG;
    xckgbuf2=xckgbuf1&0x03;
    ledbuf=ledbuf&0xfc;
    ledbuf=ledbuf|xckgbuf2;
    LED=ledbuf;
}
/* * * * * * * * * * * *读取行程开关 1 状态并送显示* * * * * * * * * * * */
void rdxckg1(void)
{
    xckgbuf=XCKG;
    xckgbuf1=xckgbuf&0x01;
    ledbuf=ledbuf|0x01;
    ledbuf=ledbuf&(~xckgbuf1);
    LED=ledbuf;
}
/* * * * * * * * * * * *读取行程开关 2 状态并送显示* * * * * * * * * * * */
void rdxckg2(void)
{
    xckgbuf=XCKG;
    xckgbuf2=xckgbuf&0x02;
    ledbuf=ledbuf|0x02;
    ledbuf=ledbuf&(~xckgbuf2);
    LED=ledbuf;
}
/* * * * * * * * * * * *读取行程开关 1 和 2 状态并送显示* * * * * * * * * * * */
```

```
void rdxckg12(void)
{
    xckgbuf=XCKG;
    xckgbuf3=xckgbuf&0x03;//袋夹紧和秤斗门关按下后单片机得到相应的高电平
                    //xckgbuf4=～xckgbuf3;
    ledbuf=ledbuf|0x03;//指示灯低电平点亮,袋夹紧和秤斗门关首先都熄灭
    ledbuf=ledbuf&(～xckgbuf3);
    LED=ledbuf;
}
/* * * * * * * * * * *INT0中断子程序——读取 A/D 转换结果 * * * * * * * * * * * */
void ad(void) interrupt 0 using 0
{
    clk_num=TH0*256+TL0;
    clk_num=clk_num-10000;
    temp=clk_num/3.6;
    dispbuf[0]=temp%10;
    dispbuf[1]=temp%100/10;
    dispbuf[2]=temp%1000/100;
    dispbuf[3]=temp/1000;
    temp_cnt=1;
    TH0=0x00;
    TL0=0x00;
}
/* * * * * * *T1中断子程序——数码管显示定时中断* * * * * * * * * * * */
void display(void) interrupt 3 using 1
{
    mstcnt++;
    if(mstcnt==20)
    {
    dispbitcnt=++dispbitcnt%6;
    mstcnt=0;
    WEI=dispbitcode[dispbitcnt];//送位码
    if(dispbitcnt==2)
      DUAN=tab[dispbuf[dispbitcnt]]&0x7f;//送段码
    else
      DUAN=tab[dispbuf[dispbitcnt]];//送段码
    }
    TH1=-(1000/256);
    TL1=-(1000%256);
}
/* * * * * * *自动打包处理子程序* * * * * * * * * * * */
void autopack(void)
{
```

```
rdxckg12();rdxckg2();
while((xckgbuf2==0x02)&&(function==0x00))  //秤斗门关
{
  if(bjjflag==0x00)  //喂料过程中可以随时置袋夹紧信号
  {
    rdxckg1();
    if(xckgbuf1==0x01)   bjjflag=0xff;
  }
  if (temp>=0&&temp<=3800)
  {
      ledbuf=(ledbuf|0x0c)&0xf3;//大、小绞龙电动机运行指示灯亮
      relaybuf=relaybuf&0xf8|0x0c;//大、小绞龙电动机运行——高速
      LED=ledbuf;
      RELAY=relaybuf;
  }
  if (temp>3800&&temp<=4500)
  {
      ledbuf=(ledbuf|0x0c)&0xf7;//大绞龙电动机运行指示灯亮
      relaybuf=relaybuf&0xf8|0x0d;//大绞龙电动机运行——中速
      LED=ledbuf;
      RELAY=relaybuf;
  }
  if (temp>4500&&temp<=4800)
  {
      ledbuf=(ledbuf|0x0c)&0xfb;//小绞龙电动机运行指示灯亮
      relaybuf=relaybuf&0xf8|0x0e;//小绞龙电动机运行——低速
      LED=ledbuf;
      RELAY=relaybuf;
  }
  if(temp>4800&&temp<=5000)//点动,低速电动机运行指示灯闪烁
  {
      ledbuf=(ledbuf|0x0c)&0xfb;//小绞龙电动机运行指示灯亮
      relaybuf=relaybuf&0xf8|0x0e;//小绞龙电动机运行——低速
      LED=ledbuf;
      RELAY=relaybuf;
      delayms(3000);
      ledbuf=(ledbuf|0x0c);//电动机运行指示灯全灭
      relaybuf=0xff;//电动机都停止
      LED=ledbuf;
      RELAY=relaybuf;
      delayms(1000);
  }
  if(temp>5000)
```

```
        {
            ledbuf=(ledbuf|0x0c);//电动机运行指示灯全灭
            relaybuf=0xff;//电动机都停止
            LED=ledbuf;
            RELAY=relaybuf;
            if(bjjflag==0xff);//已经置过袋夹紧信号
            {
                RELAY=0xfb;//打开秤斗门
                delayms(5000);
                rdxckg2();
                delayms(5000);
                delayms(5000);
                delayms(5000);
                delayms(5000);
                RELAY=0xff;//关闭秤斗门
                delayms(5000);
                delayms(5000);
                bjjflag=0x00;
            }
        }
    }
  }
}
/* * * * * * * * * * * * * 主程序 * * * * * * * * * * * * * */
main()
{
  PT1=1;
  PX0=1;
  TMOD=0x2d;//T0:gate=1;计数方式:方式1,计CLK脉冲数,由INT0=1触发
  TH1=-(1000/256);
  TL1=-(1000%256);
  TR1=1;
  ET1=1;
  TH0=0x00;//T0:用于对ICL7135的CLK脉冲进行计数
  TL0=0x00;
  TR0=1;
  ET0=1;
  IT0=1;//外部中断0:下降沿触发,连接busy信号,busy下降沿触发
  EX0=1;
  EA=1;
  WEI=0xff;
  relaybuf=0xff;//秤斗门关,启动ICL71357135采集秤斗质量
  ledbuf=ledbuf&0xbf;//手动工作方式灯灭
  LED=ledbuf;
```

```
RELAY=relaybuf；
while(1)
{
    autopack()；
}
}
```

2.6 单片机控制打包秤电气控制系统强、弱电联调

设计完成单片机控制打包秤电气控制系统的硬件和软件并分别调试通过后，便可进行强、弱电联调。将单片机接口电路板与电气控制柜按照图 3-2-29 接线。

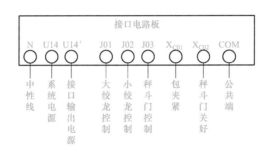

图 3-2-29 单片机接口电路板与电气控制柜接线

整个电气控制系统的操作流程分手动和自动两种方式，操作步骤如下：

（1）手动：置好袋 SQ→高速喂料 SB1→中速喂料 SB2→低速喂料 SB3→秤斗门开 SB4。

（2）自动：秤斗门关 SQ1（反馈信号）→置好袋 SQ→袋夹紧 SQ2（反馈信号）。

在手动和自动工作状态下，应该实现以下功能：

（1）秤斗门打开 3～5s，夹紧机构自动松开（由电气控制柜电路实现）。

（2）指示灯状态：HL4、HL5 亮，喂料；

HL6 亮，秤斗门开；

HL7 亮，包装袋夹紧。

系统的联调步骤如下：

（1）将单片机控制系统输入/输出信号端子与电气控制柜上的接线排进行正确连接。

（2）打开电气控制柜电源，将电气控制柜面板上的手动/自动切换开关拨到自动状态，状态指示灯点亮。

（3）打开单片机控制系统的电源使其进入工作状态，并清空秤斗准备喂料。

（4）将电气控制柜上的秤斗门关行程开关按下，单片机显示板开始显示秤斗质量信息，秤斗中的料质量≤38kg 时，大绞龙电动机和小绞龙电动机同时喂料，高速指示灯点亮。

（5）喂料直至 38kg＜秤斗质量≤45kg，系统中速运行，大绞龙电动机喂料、小绞龙电动机停止；中速指示灯点亮。

（6）继续喂料至 45kg＜秤斗质量≤48kg，系统低速运行，小绞龙电动机喂料、大绞龙电动机停止；低速指示灯点亮。

（7）继续喂料至 48kg＜秤斗质量≤50kg，系统点动运行，小绞龙电动机点动喂料、大绞龙电动机停止。

（8）继续喂料至 50kg≤秤斗质量，大绞龙电动机和小绞龙电动机都停止。

（9）将电气控制柜上的置袋和袋夹紧行程开关按下，秤斗门打开，延时 4s 后秤斗门关闭。

項 目 3

PLC控制打包秤电气控制系统设计与制作

项目任务单 （整体）

编制部门：　　　　　编制人：　　　　　编制日期：

项目编号	3	项目名称	PLC 控制打包秤电气控制系统设计与制作	学时	4
目的		1. 掌握自动打包秤的工作流程、执行部件、技术参数、电气控制要求 2. 掌握自动打包秤操作方式、联锁信号、电气控制系统设计分类 3. 掌握 PLC 控制系统设计的一般思路和方法 4. 掌握常用 PLC 编程软件的使用方法 5. 掌握常用绘图软件绘制和打印电路原理图的方法 6. 掌握自动打包秤控制柜整体设计、原理图设计及元器件布置图和接线图绘制 7. 制作自动打包秤电气控制柜			
工艺要求及参数		1. 打包秤工作流程 2. 执行部件状态 （1）喂料绞龙电动机 M1、M2 通电，拖动喂料绞龙工作，给秤斗送料 （2）电磁阀 YV1 没电，气缸 1 活塞杆伸出，秤斗门关闭 　　　电磁阀 YV1 有电，气缸 1 活塞杆缩回，秤斗门打开 （3）电磁阀 YV2 没电，气缸 2 活塞杆伸出，打包袋松开 　　　电磁阀 YV2 有电，气缸 2 活塞杆缩回，打包袋夹紧 3. 执行部件控制 （1）喂料（高、中、低）三挡速度：由 PLC 控制绞龙电动机 M1、M2 实现 （2）秤斗门（开、关）：由 PLC 控制电磁阀，电磁阀控制气缸实现 （3）夹袋机构（夹紧、松开）：由手动开关控制电磁阀，电磁阀控制气缸实现 4. 技术参数 （1）M1——大喂料绞龙电动机，Y802-6，1.1kW （2）M2——小喂料绞龙电动机，Y802-6，1.1kW （3）YV1——电磁阀，SR561-RN35D，通过气缸间接控制秤门开、关 （4）YV2——电磁阀，SR561-RN35D，通过气缸间接控制打包袋夹紧、松开 5. 控制要求 打包秤可实现：手动、自动两种控制方式（用钮子开关实现）			

139

工艺要求 及参数	（1）PLC 部分控制要求及工作过程 1）采用称重仪表 XK3190-A9 对秤斗质量进行实时采集 2）PLC 根据采集到的质量数据及设定数据，控制大绞龙电动机和小绞龙电动机起动和停止，分高速、中速和低速三挡进行加料 3）PLC 控制秤斗门的打开和关闭 4）接收来自行程开关的打包袋夹紧信号和秤斗门关信号，并通过指示灯进行显示 5）自动打包秤的具体工作过程：PLC 首先确认"斗门关"信号，如果秤斗门已经关闭，则根据称重仪表 XK3190-A9 采集的质量数据进行如下动作： 如果秤斗质量≤38kg，系统高速运行，大绞龙电动机和小绞龙电动机同时运行，高速指示灯亮 如果 38kg＜秤斗质量≤45kg，系统中速运行，大绞龙电动机运行、小绞龙电动机停止，中速指示灯亮 如果 45kg＜秤斗质量≤48kg，系统低速运行，小绞龙电动机运行、大绞龙电动机停止，低速指示灯亮 如果 48kg＜秤斗质量＜50kg，系统点动运行，小绞龙电动机点动、大绞龙电动机停止，低速指示灯闪烁 如果秤斗质量≥50kg，大绞龙电动机和小绞龙电动机都停止，若判断出是"袋夹紧"，则秤斗门打开，延时 4s 后秤斗门关闭 PLC 判断"秤斗门关"信号后循环执行上述过程。PLC 控制打包秤整个工作流程在上位机采用组态软件进行同步显示，实现监控功能 （2）控制柜部分控制要求 1）绞龙电动机 M1、M2 单独起动，控制方式为点动 2）秤斗门开、关为点动 3）打包袋夹紧控制为长动，在秤斗门打开后延时 3～4s 打包袋松开 4）打包袋置好信号由行程开关 SQ1 实现 5）反馈给 PLC 的打包袋夹紧信号由行程开关 SQ2 实现 6）控制面板上有电源显示，手动、自动时有显示 7）喂料时、秤斗开门时、打包袋夹紧时有显示
工具	1. 多媒体教学设备 2. 计算机 3. AutoCAD 绘图软件 4. FP-WIN 编程软件 5. 实用电工手册、编程手册、硬件手册

提交成果	1. 主要电路和元器件的分析论证 2. 打包秤 PLC 控制程序 3. 打包秤电气控制系统原理图 4. 打包秤电气控制系统布置图 5. 打包秤控制系统接线图 6. 自动打包秤电气控制柜 7. 设计说明书
备注	

项目任务单 (PLC 控制部分)

编制部门： 编制人： 编制日期：

子项目编号	1	子项目名称	自动打包秤 PLC 控制系统设计与开发	学时	4
目的			1. 掌握自动打包秤的工作流程、执行部件、技术参数、电气控制要求 2. 掌握自动打包秤操作方式、联锁信号、电气控制系统设计分类 3. 掌握 PLC 控制系统设计的一般思路和方法 4. 掌握常用 PLC 编程软件的使用方法 5. 掌握组态监控系统的设计制作方法		
工艺要求 及参数			设计一个 PLC 控制的自动打包秤控制系统，该控制系统设计的主要任务是实现打包秤的自动控制功能以及和手动控制方式的切换。该 PLC 控制系统的主要设计任务是： 1. 选择合适的数据采集方式，使得 PLC 能够采集到称重数据 2. 选择合适的 PLC 及其外围器件 3. 设计 PLC 控制系统图 4. 根据要求编制 PLC 控制程序，实现任务要求 具体控制要求如下： 1. PLC 根据采集到的质量数据及设定数据能控制大绞龙电动机和小绞龙电动机起动和停止，分高速、中速和低速三挡进行喂料 2. PLC 能控制秤斗门的打开和关闭 3. 能接收来自行程开关的打包袋夹紧信号和秤斗门关信号，并通过指示灯进行显示 自动打包秤的具体工作过程为： PLC 首先检测"秤斗门关"信号，如果秤斗门已经关闭，则根据称重仪表 XK3190-A9 采集的质量数据进行如下动作： 如果秤斗质量≤38kg，系统高速运行，大绞龙电动机和小绞龙电动机同时运行，高速指示灯亮 如果 38kg<秤斗质量≤45kg，系统中速运行，大绞龙电动机运行、小绞龙电动机停止，中速指示灯亮 如果 45kg<秤斗质量≤48kg，系统低速运行，小绞龙电动机运行、大绞龙电动机停止，低速指示灯亮 如果 48kg<秤斗质量<50kg，系统点动运行，小绞龙电动机点动、大绞龙电动机停止，低速指示灯闪烁 如果秤斗质量≥50kg，大绞龙电动机和小绞龙电动机都停止。且若判断出打包袋夹紧，秤斗门打开，延时 4s 后秤斗门关闭 PLC 判断"秤斗门关"信号后循环执行上述过程。PLC 控制打包秤整个工作流程在上位机采用组态软件进行同步现实出来，实现监控功能		

续表

工具	1. AutoCAD 绘图软件 2. FP-WIN 编程软件 3. 实用电工手册、编程手册、硬件手册 4. 三维力控组态软件
提交 成果	1. 主要电路和元器件的分析计算 2. PLC 控制系统原理图 3. 打包秤 PLC 控制程序 4. 组态监控系统 5. PLC 控制电路板
备注	

3.1 PLC 控制系统设计

PLC 控制打包秤电气控制系统与计算机控制、单片机控制的打包秤电气控制系统一样，分为设计和调试两大部分，而主要设计内容又分为 PLC 控制系统设计和上位机监控系统设计。因此，本项目共分为以下三个任务：

1. PLC 控制系统设计

PLC 控制系统设计部分包括硬件系统设计和软件系统设计两方面的内容。

硬件系统设计主要涉及 PLC 的选型、控制系统图设计、外围电器元件的选型及整个硬件系统的安装。

软件系统设计主要涉及仔细分析控制任务要求、编制控制梯形图。将控制梯形图下载到 PLC 中，进行软件调试。

2. 上位机监控系统设计

在上位机监控系统的设计中，重点是界面设计、设备定义、变量定义、动画连接、程序设计等方面的内容。

3. 系统强、弱电联调

最后是将 PLC 控制系统、上位机监控系统以及电气控制柜进行联合调试，直至达到设计要求。

3.1.1 PLC 控制系统硬件设计

用 PLC 作为核心控制器件实现控制任务，首先要明确哪些参量是 PLC 的输入、哪些参量是 PLC 的输出。根据对 PLC 输入/输出分析，并考虑 PLC 输入/输出端口要有一定的裕量，选择合适的 PLC 型号。

由项目任务单分析可知，需要连接 PLC 的输入/输出参量见表 3-3-1。

表 3-3-1　　PLC 的输入/输出参量

输入参量	输出参量
包装袋夹紧反馈信号 SQ2	大绞龙电动机起动交流接触器 KM1 线圈
秤斗门关好反馈信号 SQ3	小绞龙电动机起动交流接触器 KM2 线圈
大绞龙电动机 M1 热继电器 FR1 触头	秤斗门开关控制电磁阀 YV1 线圈
小绞龙电动机 M2 热继电器 FR2 触头	

本项目中，PLC 需要通过串口读取 XK3190-A9 型称重仪表中的质量数据。因此，PLC 的串行通信口和称重仪表的串行通信口的连接也是硬件设计的一项重要内容。

1. PLC 选型

根据对 PLC 的输入/输出分析可知，本项目需要 4 个输入、3 个输出，输入、输出都是开关量信号，且 PLC 输出需要控制的 3 个线圈工作电压均是交流 220V。由表 P-2 可知，日本松下公司的 FP0-C10 型 PLC 有 6 个输入点、4 个输出点，满足控制任务对输入、输出点数的要求。且 FP0-C10 型 PLC 的输出是继电器输出型，每一个输出点的最大驱动能力是 250V、2A，可以省去功率放大驱动部分。因此，选择 FP0-C10 型 PLC 可以满足本项目控制要求。FP0 系列 PLC 外形如图 3-3-1 所示。其外形尺寸（长×宽×高）为 60mm×25mm×90mm。安装方式为导轨安装。

2. I/O 分配

根据控制任务的输入/输出分析及 PLC 的选型，对 PLC 做 I/O 分配，见表 3-3-2。

图 3-3-1　松下 FP0 系列 PLC 外形

表 3-3-2　　　　　　　　　　　　　　　I/O 分配

输入信号分配		输出信号分配	
包装袋夹紧反馈信号 SQ2	X0	大绞龙电动机起动交流接触器 KM1 线圈	Y0
秤斗门关好反馈信号 SQ3	X1	小绞龙电动机起动交流接触器 KM2 线圈	Y1
大绞龙电动机 M1 热继电器 FR1 触头	X2	秤斗门开关控制电磁阀 YV1 线圈	Y2
小绞龙电动机 M2 热继电器 FR2 触头	X3		

3. 原理图设计

原理图是整个控制系统的核心部分，是在对控制任务认真分析的基础上，用来实现控制要求的一种工程表达方法，也是后续安装、调试工作的依据。本项目的 PLC 电气控制系统原理图如图 3-3-2 所示。

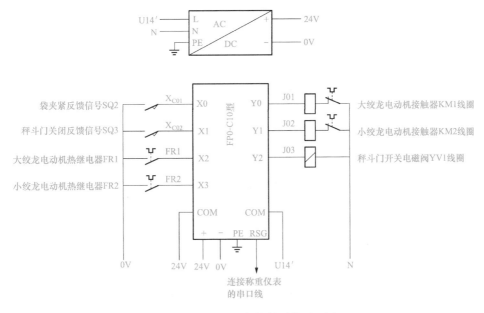

图 3-3-2　PLC 电气控制系统原理图

由于 PLC 控制系统中需要直流 24V 电源，因此原理图中设计使用了一块由交流 220V 转换为直流 24V 的开关电源。

另外，PLC 控制系统要和电气控制柜进行连接，为了保证二者之间连接良好，PLC 控制系统中的线号和电气控制柜中线号一致。比如 N、U14′、J01、J02、J03、X_{C01}、X_{C02}、

FR1、FR2、0V等。

4. 器件选择

在原理图设计好的基础上，就需要选择合适的器件。

（1）开关电源选择。由原理图可知，需要 24V 直流电源的地方主要有两处：一是 PLC 自身，二是 PLC 的 4 个输入。

选用的 FP0-C10R 型 PLC 额定电流消耗＜100mA，每一个输入点的额定工作电流为 4.3mA，以最大情况考虑，即 4 个输入点同时导通，输入电流为 $4×4.3mA＝17.2mA$。因此，PLC 控制系统中，需要 24V 电源提供的总电流小于 117.2mA，额定输出功率大于 2.8W。选型号为 SA-15-24 的通用开关电源，它提供的额定功率为 15W，大于系统需要，可以满足要求。其外形尺寸（宽×深×高）为 97mm×99mm×36mm，安装方式为螺钉固定安装，见附录 Q 中表 Q-2。

（2）端子排的选择。PLC 控制系统和电气控制柜之间的电气连接需要通过端子排。由原理图可知，主要连接点有 N、U14′、J01、J02、J03、X_{C01}、X_{C02}、FR1、FR2、0V 等 10 点。流过每一个点的工作电流都不会超过 1A。型号为 JF5-1.5/5 的接线端子排满足要求，该端子排的每一个端子允许流过的额定电流为 17.5A，远大于系统的需要。每一个端子有 5 个接点，接线螺钉 $M_d×L＝3×7mm$，$H_{max}＝31mm$，$A_{max}＝46.5mm$，$B_{max}＝31mm$。端子排的安装方式为导轨固定安装，见附录 R 中表 R-2。

（3）导线的选择。PLC 控制系统使用的导线都是 BVR 型导线，整个系统中每条导线中的电流都小于 1A，因此选用 BVR0.5 导线，该导线的载流量为 2.5A，大于系统需要，可以满足要求。

（4）线槽的选择。控制系统中的导线需要布置在线槽中。经测算，线槽中的导线最多不会超过 10 根。可以选择 VDR2020 型。线槽最多可以容纳 12 根 BVR0.5 导线，满足要求。该型号的线槽尺寸为 $A＝20mm$、$B＝20mm$、$C＝20mm$，螺钉安装，见附录 R 中表 R-3。

根据原理图及器件选择，可以得到整个 PLC 控制系统的元器件清单，见表 3-3-3。

表 3-3-3　　　　　　　　　　　　　　　　元器件清单

序号	器件名称	文字符号	规格型号	单位	数量	备注
1	PLC	PLC	FP0-C10R	个	1	
2	开关电源	AC/DC	SA-15-24	个	1	
3	端子排	XT	JF5-1.5/5	个	2	
4	线槽		VDR2020	m	1	

5. 串口通信线的制作

PLC 需要通过 RS232 串行口从称重仪表中读取质量数据，因此需要制作 PLC 和称重仪表之间的通信线。FP0-C10R 型 PLC 的串行通信口在 PLC 的底部，分别标示为 S、R、G，其中 S 端是发送数据端，R 端是接收数据端，G 端是信号地。

XK3190-A9 型称重仪表背部有一个 DB15 针型接口。该接口的 6 号引脚是数据接收端，7 号引脚是数据发送端，8 号引脚是信号地。因此需要用一个 DB15 孔型接头，将 PLC 的发送端（S 端）和 XK3190-A9 的接收端（6 号引脚）连接，将 PLC 的接收端（R 端）和 XK3190-A9 的发送端（7 号引脚）连接，将 PLC 的信号地（G 端）和 XK3190-A9 的信号地

（8 号引脚）连接，称重仪表和 PLC 通信线接线如图 3-3-3 所示。

6. 传感器连接线制作

称重仪表需要连接称重传感器，这样，称重仪表才能得到秤的真实数据。XK3190-A9 型称重仪表背后有一个 DB9 孔型传感器接口，它的 1、6 引脚接传感器的激励电源线，8、9 引脚接传感器的输出信号线，5 引脚接屏蔽线，如图 3-3-4 所示。

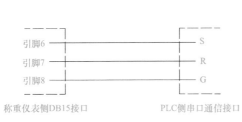

称重仪表侧DB15接口　　　　　PLC侧串口通信接口

图 3-3-3　称重仪表和 PLC 通信线接线

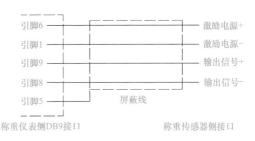

引脚6 ————————— 激励电源+
引脚1 ————————— 激励电源-
引脚9 ————————— 输出信号+
引脚8 ————————— 输出信号-
引脚5 ———— 屏蔽线

称重仪表侧DB9接口　　　　　称重传感器侧接口

图 3-3-4　称重仪表和传感器接线图

7. 布置图设计

根据原理图及器件选择，可以设计布置图。布置图在设计过程中要符合规范，器件布局合理、美观、便于布线、便于安装。本项目的布置图如图 3-3-5 所示。

8. 接线图设计

根据原理图和布置图，可以设计接线图，以便于接线人员按照接线图完成接线工作。本项目的接线图如图 3-3-6 所示。

按照接线图，便可进行硬件的布置和连接。

9. 系统制作

PLC 控制系统在制作过程中要注意以下几点。

（1）组装前首先理解系统图样及技术要求，检查产品、元器件型号、规格、数量等与图样是否相符，检查元器件有无损坏。

（2）元器件组装顺序应从板前开始，由左至右，由上至下，同一型号产品应保证组装一致。

（3）所有电器元件及附件，均应固定安装在支架或底板上，不得悬吊安装。

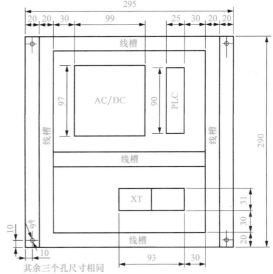

图 3-3-5　PLC 控制系统布置图

（4）标号应完整、清晰、牢固。

（5）要特别注意安全问题，必须在系统断电的情况下操作。

3.1.2　PLC 控制系统软件设计

根据项目任务分析可知，软件部分的主要内容有两大部分：一是通过串口通信指令把称重仪表中的实时质量数据读取到 PLC 中，以供后续程序使用；二是根据采集的质量数据以及"袋夹紧"、"秤斗门关"反馈信号的状态，控制大、小绞龙电动机以及秤斗门的开关。

1. 通信参数设定

控制系统要在 PLC 和称重仪表之间通过 RS232 串口传递质量数据，需要先对 PLC 和称重仪表的通信参数进行设置，并且要保证 PLC 和称重仪表的串口通信参数一致。

（1）称重仪表通信参数设定。XK3190-A9 型称重仪表波特率为 4800、8 位数据位、1 位停止位、无校验位。采用指令的方式实现数据传输，具体设置方法查阅附录 J。

（2）PLC 通信参数设定。打开 PLC 的编程软件 FPWIN GR，单击"选项"下拉菜单，找到"PLC 系统寄存器设置"对话框，再单击"COM 口设置"选项，对 PLC 的串行口参数进行设置。具体参数可参考图 3-3-7 进行设定。

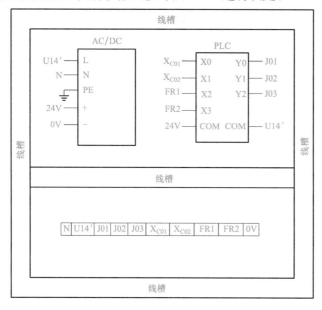

图 3-3-6　PLC 控制系统接线图

设定完毕后，再编写梯形图，将梯形图和参数设定一起下载到 PLC 中。

2. 梯形图设计

梯形图从功能上可以分为两大部分：一是串口通信部分，将称重仪表的质量数据读到 PLC 中，并保存至某一寄存器；二是根据质量数据的变化控制大、小绞龙电动机和秤斗门开关电磁阀的动作。图 3-3-8 是 PLC 通过串口指令 TRNS 读取质量数据的程序。具体实现的功能如下：

（1）R901A 是 0.2s 时钟脉冲，表示每隔 0.2s 向仪表发一次读取质量数据的指令，仪表就会返回一个实时质量数据。

（2）读回的数据放在 DT200～DT206 中，其中 DT203～DT205 中是需要的质量数据。

（3）对质量数据进行转换，最终得到可以使用的质量数据，并放在寄存器 WR30 中。WR30 中存放的数据是真实质量数据的 100 倍。如实际质量是 36.25kg，WR30 中的数据是 3625。

（4）将 WR30 中的数据除以 100 后存放在 WR40 中。由于 WR40 中只能存放整数数据，不能存放小数，所以 WR40 中存放的数据是实际质量数据的整数部分。此数据在后面的上位机监控系统中要用到。

图 3-3-9 是根据质量数据控

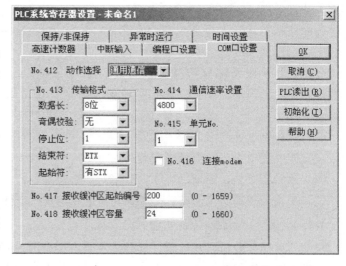

图 3-3-7　PLC 串口通信参数设定

制大、小绞龙电动机动作的程序。具体实现的功能解释如下：

（1）当质量数据≤38kg 时，R3 得电，使得 Y0、Y1 得电，大、小绞龙电动机都运行。

（2）当质量数据>38kg、≤45kg 时，R4 得电，使得 Y0 得电，大绞龙电动机运行。

（3）当质量数据>45kg、≤48kg 时，R5 得电，使得 Y1 得电，小绞龙电动机运行。

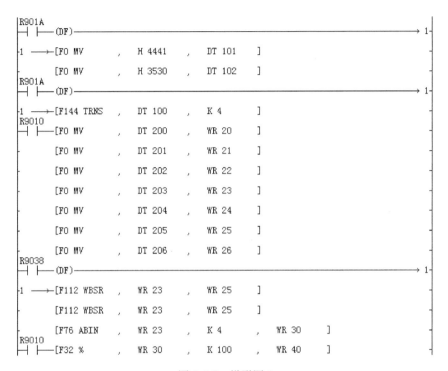

图 3-3-8　梯形图 1

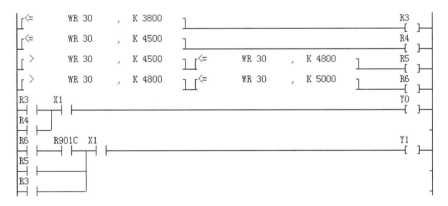

图 3-3-9　梯形图 2

（4）当质量数据>48kg、≤50kg 时，R6 得电，R901C 这个 1s 时钟脉冲起作用，使得 Y1 以 1s 频率进行闪烁，小绞龙电动机点动运行。

上述大小绞龙电动机运行的前提是必须保证秤斗门是关闭好的，即 X1 触头是闭合的。

图 3-3-10 是秤斗门开关的控制程序。具体实现的功能解释如下：

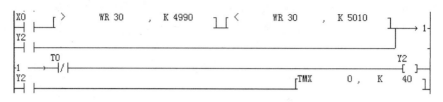

图 3-3-10　梯形图 3

（1）在包装袋夹紧的前提下（X0＝1），当质量数据间于 49.9kg 和 50.1kg 之间时，打开秤斗门（Y2＝1），且要求 Y2 能够自锁。

（2）同时启动 4s 延时，延时时间到，切断 Y2，关闭秤斗门。完成一袋料的称重和装袋。

图 3-3-11 是完成的称重袋数统计程序。完成的称重袋数存放在 WR10 中。系统初始启动时，对 WR10 清零。每当秤斗门关闭一次，表示完成一袋的称重和装袋，WR10 加 1。

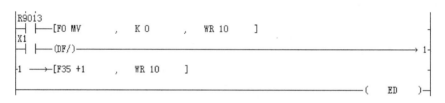

图 3-3-11　梯形图 4

3. 系统调试

PLC 控制系统调试一般包括 I/O 端子测试和系统程序调试两部分内容，细致的调试有利于加速总装调试的进程。

（1）I/O 端子测试。用手动开关代替现场输入信号，以手动方式逐一对 PLC 输入端子进行检查、验证。相应操作的 PLC 输入端子的指示灯点亮，表示正常；反之，应检查接线或者 I/O 点是否损坏。

（2）系统程序调试。在完成 I/O 端子测试工作后，将 PLC 置于运行状态，运行 PLC 控制程序。具体的调试步骤如下。

1）将秤斗内清空，称重仪表显示质量数据为 0kg。

2）将模拟秤斗门状态的外部开关闭合，即 X1＝1。此时 PLC 运行的结果是 Y0＝1、Y1＝1，表示大小绞龙电动机同时运行，进行高速喂料。向秤斗内快速增加物料，使质量快速增加。

3）当质量增加到 38kg 时，PLC 运行的结果是 Y0＝1，表示仅大绞龙电动机运行，进行中速喂料。向秤斗内中速增加物料，使质量逐步增加。

4）当质量增加到 45kg 时，PLC 运行的结果是 Y1＝1。表示仅小绞龙电动机运行，进行低速喂料。向秤斗内慢速增加物料，使质量慢慢增加。

5）当质量增加到 48kg 时，PLC 运行的结果是 Y1 以秒速闪烁，表示小绞龙电动机点动运行，进行点动喂料。向秤斗内一点一点地加物料，使质量一点一点地增加。

6）当质量增加到 50kg 时，将模拟包装袋夹紧状态的外部开关闭合，即 X0＝1。PLC

运行的结果是 Y2＝1，表示秤斗门打开，进行卸料，此时应该将模拟秤斗门状态的外部开关断开。

7）卸料延时 4s。假定秤斗内的料在 4s 内可以卸空。时间到后，Y2＝0，秤斗门重新闭合，再将模拟秤斗门状态的外部开关闭合，即 X1＝1。同时，袋夹紧信号重新复位，表示包装袋松开。重新从上面的步骤 2）开始新一轮的称重喂料控制。

上述 PLC 控制系统有一处不满足要求，都需要认真检查、修改，直到满足全部要求为止。

3.2　组态监控系统设计

本项目 PLC 的运行过程是由上位机的组态监控系统监视的。监控系统主要实现对打包秤工作过程的监控功能，通过数据线将现场的工作数据传输到控制室的上位机，利用组态软件设计的组态监控系统，可以真实地反映出打包秤各个部件的动作情况。组态监控系统使用前，应直接使用 FP0 系列 PLC 的编程电缆，将 PLC 的编程口和上位机的 9 针 COM 口连接起来。

这里使用的是"三维力控"组态软件，在设计过程中主要会涉及界面设计、设备定义、变量定义、动画连接、程序设计等方面的内容。

1. 监控界面设计

监控界面是实现打包秤动作过程再现的画面，要能真实反映现场的工作情况。该监控界面主要包括喂料单元、称重单元、包装单元等三个部分。组态监控界面可参考图 3-3-12。

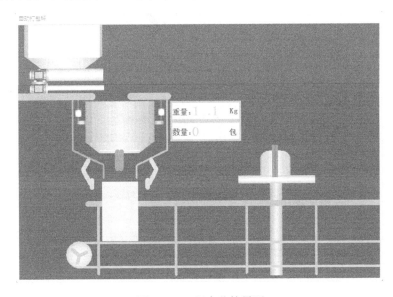

图 3-3-12　组态监控界面

2. I/O 设备定义

定义 I/O 设备是实现组态监控软件对 PLC 控制系统监控所必需的条件，它是将监控软件中定义的一些变量和 PLC 中的一些变量建立连接的基础，以实现对 PLC 控制数据的实时反映。

监控系统 I/O 设备定义如下：

设备名称：PLC；设备地址：1；通信方式：串口 RS232；通信口（串口）：COM1。

奇偶校验：奇校验；波特率：9600；数据位：8；停止位：1。

进行 I/O 设备定义的界面如图 3-3-13 和图 3-3-14 所示。

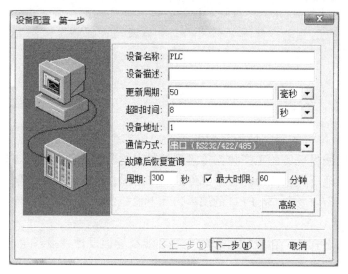

图 3-3-13　I/O 设备定义（一）

见表 3-3-4。

3. 变量定义与连接

变量是实现组态软件实时动态跟踪与显示 PLC 控制系统运行情况的基础。组态监控系统中的变量主要有中间变量和数据库变量。中间变量是组态软件内部使用的变量，是实现监控画面动态控制的有效变量之一；数据库变量是需要和外部设备 PLC 中的变量建立连接关系的变量，它是实现监控 PLC 运行情况和实现监控画面动态显示的有效变量。

本系统中定义的中间变量

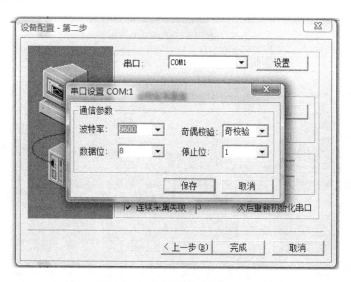

图 3-3-14　I/O 设备定义（二）

表 3-3-4　　　　　　　　　　　　　　中间变量定义

中间变量名称	说明	中间变量名称	说明
dai _ yidong	控制包装袋移动	dai _ liao	实现袋子料移动
shixian	实现料移动		

定义的数据库变量见表 3-3-5。

最后将这些变量和监控界面中的各个对应图形单元连接起来。

4. 程序设计

将 PLC 中变量的变化，映射到监控系统中定义的数据库变量。为了显示打包秤运行过程中的动画，需要在"应用程序动作"中的"程序运行周期执行"中编写如下程序，从而实现对打包秤的实时动态监控。

表 3-3-5　数据库变量定义

数据库变量	连接 PLC 内寄存器	说明
liao _ zhongliang. PV	WR30	料质量
zhl _ shang. PV	WR40	料质量的整数数据
dabaoshu. PV	WR10	打包数量
dajiaolong. PV	Y0	大绞龙
xiaojiaolong. PV	Y1	小绞龙
mendiancifa. PV	Y2	秤斗门电磁阀
daijiajin. PV	X0	袋子夹紧
menguanhao. PV	X1	秤斗门关好

```
if daijiajin. PV==1 then
    dai_yidong=0;
endif

if daijiajin. PV==0 then
    dai_yidong=dai_yidong+20;
endif
    dai_liao=100-zhl_shang. PV*2;
```

3.3　PLC 控制打包秤电气控制系统强、弱电联调

1. 电气控制柜调试

这里沿用训练篇项目三所做的电气控制柜。该电气控制柜的调试也可按照训练篇的方法进行，这里不再详述。

2. PLC 控制系统与电气控制柜的接线

在完成 PLC 控制系统和电气控制柜的单独调试后，将电气控制柜的端子排和 PLC 控制系统端子排对应地连接起来，开始进行系统联调。具体接线如图 3-3-15 所示。

3. 系统联调

在系统联调前，以手动方式将打包秤的各个部件恢复到初始位置，秤斗清空。然后按照以下步骤进行系统联调。

（1）启动上位机组态监控系统。

（2）打开电气控制柜电源，将面板上的"手自动"开关转到"自动"状态，对应指示灯

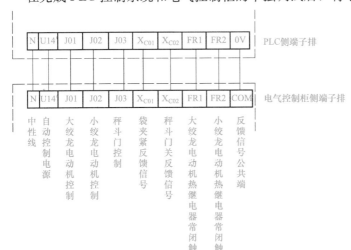

图 3-3-15　PLC 控制系统和电气控制柜的接线

点亮。

（3）PLC 控制系统得电，将 PLC 置于"运行"状态，PLC 开始运行控制程序，进入自动控制状态。

（4）PLC 的 Y2 没有输出，表示秤斗门开关电磁阀线圈失电，秤斗门处于关闭状态。将电气控制柜上的秤斗门行程开关按住，模拟秤斗门已经关闭。大绞龙电动机和小绞龙电动机将根据称重仪表传来的质量数据进行相应动作。

1）秤斗中的料质量≤38kg 时，Y0＝1、Y1＝1，交流接触器 KM1 和 KM2 同时吸合，大、小绞龙电动机同时运行，对应指示灯亮，进行高速喂料，向秤斗内快速增加物料，使质量快速增加。

2）38kg＜秤斗中的料质量≤45kg，Y0＝1，交流接触器 KM1 吸合，大绞龙电动机运行，对应指示灯亮，进行中速喂料，向秤斗内中速增加物料，使质量逐步增加。

3）45kg＜秤斗中的料质量≤48kg，Y1＝1，交流接触器 KM2 吸合，小绞龙电动机运行，对应指示灯亮，进行低速喂料，向秤斗内慢速增加物料，使质量慢慢增加。

4）48kg＜秤斗中的料质量≤50kg，Y1 闪烁，交流接触器 KM2 进行点动，小绞龙电动机点动运行，对应指示灯闪烁，进行点动喂料，向秤斗内一点一点地增加物料，使质量一点一点地增加。

5）秤斗中的料质量达到 50kg 时，Y1＝0，交流接触器 KM2 断开，小绞龙电动机停止运行，称重完成。

（5）用手拨动一下夹袋开关，夹袋电磁阀线圈得电，对应指示灯亮，电气控制系统发出夹袋信号。用手再按住袋夹紧行程开关，表示袋子已经夹紧，即 X0＝1，PLC 运行的结果是 Y2＝1，此时要松开秤斗门行程开关，表示秤斗门打开，进行卸料。

（6）卸料延时 4s。假定秤斗内的料可在 4s 内卸空。时间到后，Y2＝0，秤斗门重新闭合，再将秤斗门行程开关压下，即 X1＝1。同时，袋夹紧信号重新复位，松开袋夹紧行程开关，表示袋子松开，完成了一袋料的称重和装袋过程。重新从上面的步骤（4）开始新一轮的称重喂料控制。

运行上面的过程中，上位机的监控系统要能够真实地反映出打包秤各个部件的动作情况。

附录A 导线规格与允许载流量

表 A-1　绝缘导线明敷时的允许载流量　　　　　　　　　　　　（单位：A）

芯线截面积(mm²)	橡皮绝缘线 环境温度(℃)								塑料绝缘线 环境温度(℃)							
	25		30		35		40		25		30		35		40	
	铜芯	铝芯	铜芯	铝芯	铜芯	铝芯	铜芯	铝芯	铜芯	铝芯	铜芯	铝芯	铜芯	铝芯	铜芯	铝芯
2.5	35	27	32	25	30	23	27	21	32	25	30	23	27	21	25	19
4	45	35	41	32	39	30	35	27	41	32	37	29	35	27	32	25
6	58	45	54	42	49	38	45	35	54	42	50	39	46	36	43	33
10	84	65	77	60	72	56	66	51	76	59	71	55	66	51	59	46
16	110	85	102	79	94	73	86	67	103	80	95	74	89	69	81	63
25	142	110	132	102	123	95	112	87	135	105	126	98	116	90	107	83
35	178	138	166	129	154	119	141	109	168	130	156	121	144	112	132	102
50	226	175	210	163	195	151	178	138	213	165	199	154	183	142	168	130
70	284	220	266	206	245	190	224	174	264	205	246	191	228	177	209	162
95	342	265	319	247	295	229	270	209	323	250	301	233	279	216	254	197
120	400	310	361	280	346	268	316	243	365	283	343	266	317	246	290	225
150	464	360	433	336	401	311	366	284	419	325	391	303	362	281	332	257
185	540	420	506	392	468	363	428	332	490	380	458	355	423	328	387	300
240	600	510	615	476	570	441	520	403	—	—	—	—	—	—	—	—

注　铜芯橡皮线—BX，铝芯橡皮线—BLX，铜芯塑料线—BV，铝芯塑料线—BLV。

表 A-2　塑料绝缘导线穿钢管时的允许载流量　　　　　　　　　　　　（单位：A）

芯线截面积(mm²)	芯线材质	2根单芯线 环境温度(℃)				2根穿管径(mm)		3根单芯线 环境温度(℃)				3根穿管径(mm)		4~5根单芯线 环境温度(℃)				4根穿管径(mm)		5根穿管径(mm)	
		25	30	35	40	SC	MT	25	30	35	40	SC	MT	25	30	35	40	SC	MT	SC	MT
2.5	铜	26	23	21	19	15	15	23	21	19	18	15	15	19	18	16	14	15	15	15	20
	铝	20	18	17	15			18	16	15	14			15	14	12	11				
4	铜	35	32	30	27	15	15	31	28	26	23	15	15	18	16	23	21	15	20	20	20
	铝	27	25	23	21			24	22	20	18			22	20	19	17				
6	铜	45	41	39	35	15	20	41	37	35	32	15	20	36	34	31	28	20	25	25	25
	铝	35	32	30	27			32	29	27	25			28	26	24	22				
10	铜	63	58	54	49	20	25	57	53	49	44	20	25	49	45	41	39	25	25	25	32
	铝	49	45	42	38			44	41	38	34			38	35	32	30				
16	铜	81	75	70	63	25	25	72	67	62	57	25	32	65	59	55	50	25	32	32	40
	铝	63	58	54	49			56	52	48	44			50	46	43	39				
25	铜	103	95	89	81	25	32	90	84	77	71	32	32	84	77	72	66	32	40	32	(50)
	铝	80	74	69	63			70	65	60	55			65	60	56	51				
35	铜	129	120	111	102	32	40	116	108	99	92	32	40	103	95	89	81	40	(50)	40	—
	铝	100	93	86	79			90	84	77	71			80	74	69	63				

芯线截面积 (mm²)	芯线材质	2根单芯线 环境温度(℃)				2根穿管径(mm)		3根单芯线 环境温度(℃)				3根穿管径(mm)		4~5根单芯线 环境温度(℃)				4根穿管径(mm)		5根穿管径(mm)	
		25	30	35	40	SC	MT	25	30	35	40	SC	MT	25	30	35	40	SC	MT	SC	MT
50	铜	161	150	139	126	40	50	142	132	123	112	40	(50)	129	120	111	102	50	(50)	50	—
	铝	125	116	108	98			110	102	95	87			100	93	86	79				
70	铜	200	186	173	157	50	50	184	172	159	146	50	(50)	164	150	141	129	50	—	70	—
	铝	155	144	134	122			143	133	123	113			127	118	109	100				
95	铜	245	228	212	194	50	(50)	219	204	190	173	50	—	196	183	169	155	70	—	70	—
	铝	190	177	164	150			170	158	147	134			152	142	131	120				
120	铜	284	264	245	224	50	(50)	252	235	217	199	50	—	222	206	191	175	70	—	80	—
	铝	220	205	190	174			195	182	168	154			172	160	148	136				
150	铜	323	301	279	254	70	—	290	271	250	228	70	—	258	241	223	204	70	—	80	—
	铝	250	233	216	197			225	210	194	177			200	187	173	158				
185	铜	368	343	317	290	70	—	329	307	284	259	70	—	297	277	255	233	80	—	100	—
	铝	285	266	246	225			255	238	220	201			230	215	198	181				

表 A-3　　塑料绝缘导线穿硬塑料管时的允许载流量　　(单位：A)

芯线截面积 (mm²)	芯线材质	2根单芯线 环境温度(℃)				2根穿管径(mm)	3根单芯线 环境温度(℃)				3根穿管径(mm)	4~5根单芯线 环境温度(℃)				4根穿管径(mm)	5根穿管径(mm)
		25	30	35	40		25	30	35	40		25	30	35	40		
2.5	铜	23	21	19	18	15	21	18	17	15	15	18	17	15	14	20	25
	铝	18	16	15	14		16	14	13	12		14	13	12	11		
4	铜	31	28	26	23	20	25	22	20	19	20	28	26	24	22	25	32
	铝	24	22	20	18		19	17	16	15		22	20	19	17		
6	铜	40	36	34	31	25	49	45	42	39	25	43	39	36	34	32	32
	铝	31	28	26	24		38	35	32	30		33	30	28	26		
10	铜	54	50	46	43	32	63	58	54	49	32	57	53	49	44	32	40
	铝	42	39	36	33		49	45	42	38		44	41	38	34		
16	铜	71	66	61	51	32	84	77	72	66	40	74	68	63	58	40	20
	铝	55	51	47	43		65	60	56	51		57	53	49	45		
25	铜	94	88	81	74	40	103	95	89	81	40	90	84	77	71	50	65
	铝	73	68	63	57		80	74	69	63		70	65	60	55		
35	铜	116	108	99	92	50	132	123	114	103	50	116	108	99	92	65	65
	铝	90	84	77	71		102	95	89	80		90	84	77	71		
50	铜	147	137	126	116	50	168	156	144	132	50	148	138	128	116	65	75
	铝	114	106	98	90		130	121	112	102		115	107	98	90		
70	铜	187	174	161	147	65	204	190	175	160	65	181	168	156	142	75	75
	铝	145	135	25	114		158	147	136	124		140	130	121	110		
95	铜	226	210	195	178	65	232	217	200	183	65	206	192	178	163	75	80
	铝	175	163	151	138		180	168	155	142		160	149	138	126		
120	铜	266	241	223	205	75	267	249	231	210	75	239	222	206	188	80	90
	铝	206	187	173	158		207	193	179	163		185	172	160	146		

芯线截面积（mm²）	芯线材质	2根单芯线 环境温度（℃）				2根穿管管径（mm）	3根单芯线 环境温度（℃）				3根穿管管径（mm）	4~5根单芯线 环境温度（℃）				4根穿管管径（mm）	5根穿管管径（mm）
		25	30	35	40		25	30	35	40		25	30	35	40		
150	铜	297	277	255	233	75	303	283	262	239	80	273	255	236	215	90	100
	铝	230	215	198	181		235	219	203	185		212	198	183	167		
185	铜	342	319	295	270												
	铝	265	247	220	209												

附录 B 常用开关主要技术参数

表 B-1　　　　　　　　　　　**HK2 系列刀开关的主要技术参数**

产品型号	额定电压（V）	极数	额定电流（A）	控制交流感应电动机功率（推荐值）（kW）	熔丝规格	
					含铜量不小于	线径不大于（mm）
HK2-16	220	2	16	1.5		0.41
HK2-32			32	3.0		0.59
HK2-63			63	4.5	99.9%	0.91
HK2-16	380	3	16	2.2		0.45
HK2-32			32	4.0		0.67
HK2-63			63	5.5		1.12

表 B-2　　　　　　　　　　**HZ10 系列转换开关主要技术参数**

型号	用途	AC（A）		DC（A）		次数
		接通	断开	接通	断开	
HZ10-10（1，2，3 极）	作配电器用	10	10	10		10000
HZ10-25（2，3 极）		25	25	25		15000
HZ10-60（2，3 极）		60	60	60		5000
HZ10-10（3 极）	作控制交流电动机用	60	10			5000
HZ10-25（3 极）		150	25			

表 B-3　　　　　　　　　　**HZ15 系列转换开关技术数据表**

型号	极数	额定电压（V）	额定电流（A）	使用类别代号	通断能力（A）		电寿命（次）	机械寿命（次）
					接通电流	分断电流		
HZ15-10	1，2，3，4	交流 380	10	配电电器 AC-20 AC-21 AC-22	30	30	10 000	30 000
HZ15-25			25		75	75		
HZ15-63			63		190	190		
HZ15-10			3	控制电动机 AC-3	30	24	5000	
HZ15-25			6.3		63	50		
HZ15-10		直流 220	10	DC-20 DC-21	15	15	10 000	30 000
HZ15-25			25		38	38		
HZ15-63			63		95	95		

注　通断能力以及电寿命栏内的数据均为功率因数为 0.65，直流时时间常数为 1ms 条件下的数据。

表 B-4　　　　　　　　**DZ5-20 型低压断路器的主要技术参数**

型号	额定电压 (V)	额定电流 (A)	极数	脱扣器类别	热脱扣器额定电流（括号内 为整定电流调节范围）(A)	电磁脱扣器瞬时动作 整定电流 (A)
DZ5-20/200	交流 380	20	2	无脱扣器	—	—
DZ5-20/300			3			
DZ5-20/210			2	热脱扣器	0.15 (0.10~0.15) 0.20 (0.15~0.20)	为热脱扣器额定电流的 8~12 倍（出厂时整定在 10 倍)
DZ5-20/310			3			
DZ5-20/220	直流 220	20	2	电磁脱扣	0.30 (0.20~0.30) 0.45 (0.30~0.45) 0.65 (0.45~0.65) 1.00 (0.65~1.00) 1.50 (1.00~1.50) 2.00 (1.50~2.00) 3.00 (2.00~3.00) 4.50 (3.00~4.50) 6.50 (4.50~6.50) 10.00 (6.50~10.00) 15.00 (10.00~15.00) 20.00 (15.00~20.00)	为热脱扣器额定电流 的 8~12 倍（出厂时整 定在 10 倍)

表 B-5　　　　　　　　**DZ20 系列塑料外壳式断路器主要技术参数**

型号	额定电压 (V)	壳架额定电流 (A)	断路器额定电流 I_N (A)	瞬时脱扣器整定电流倍数
DZ20Y-100	~380	100	16、20、25 32、40、50 63、80、100	配电用 $10I_N$，保护电机用 $12I_N$
DZ20J-100				
DZ20G-100				
DZ20Y-225		225	100、125、160 180、200、225	配电用 $5I_N$、$10I_N$、保护电动机用 $12I_N$
DZ20J-225				
DZ20G-225				
DZ20Y-400	~220	400	250、315 350、400	配电用 $10I_N$，保护电动机用 $12I_N$
DZ20J-400				
DZ20G-400				
DZ20Y-630		630	400、500、630	配电用 $5I_N$、$10I_N$
DZ20J-630				

附录 C 常用熔断器主要技术参数

表 C-1　　　　　　　　RM10 系列无填料封闭管式熔断器的技术数据

型号	额定电流（A）	熔体额定电流（A）	极限分断能力（kA）
RM10-15	15	6、10、15	1.2
RM10-60	60	15、20、25、35、45、60	3.5
RM10-100	100	60、80、100	10
RM10-200	200	100、125、160、200	10
RM10-350	350	200、225、260、300、350	10
RM10-600	600	350、430、500、600	12
RM10-1000	1000	600、700、850、1000	12

表 C-2　　　　　　　　RL1 系列熔断器技术数据

类别	型号	额定电压（V）	制定电流（A）	熔体额定电流等级（A）
插入式熔断器	RC1A	380	5 10 15 30 60 100 200	2，4，5 2，4，6，10 6，10，15 15，20，25，30 30，40，50，60 50，80，100 100，120，150，200
螺旋式熔断器	RL1	500	15 60 100 200	2，4，5，6，10，15 20，25，30，35，40，50，60 60，80，100 100，125，150，200
	RL2	500	25 60 100	2，4，6，10，15，20，25 25，35，50，60 80，100

表 C-3　　　　　　　　RT0 系列熔断器技术数据

额定电流（A）	熔体额定电流（A）	极限分断能力（kA）		回路参数	
		交流 380V	直流 440kV	交流 380V	直流 440V
50	5、10、15、20、30、40、50	50（有效值）	25	$\cos\varphi=0.1\sim0.2$	$T=1.5\sim20\mathrm{ms}$
100	30、40、50、60、80、100				
200	80①、100①、120、150、200				
400	150、200、250、300、350、400				
500	350①、400①、450、500、550、600				
1000	700、800、900、1000				

① 电压为 380、220V 时，熔体需两片并联使用。

表 C-4　　　　　　　　　　**RT 系列熔断器的主要技术参数**

型号	额定电压（V）	支持件额定电流（A）	熔体额定电流（A）	额定分断能力（kA）
RT14	380	20	2、4、6、10、16、20	100
		32	2、4、6、10、20、25、32	
		63	10、16、25、32、40、50、60	
RT15	415	100	40、50、63、100	80
		200	125、160、200	
		315	250、315	
		400	350、400	

表 C-5　　　　　　　　　　**螺旋式熔断器的主要技术参数**

型号	额定电压（V）	熔断器额定电流（A）	熔体额定电流（A）	额定分断能力（kA）
R021（RL6-25）	500	25	2、4、6、10、16、20、25	50
R022（RL6-63）		63	35、50、63	

表 C-6　　　　　　　　　　**NT 系列熔断器的主要技术参数**

型号	额定电压（V）	底座额定电流（A）	熔体额定电流（A）	额定分断能力（kA）
NT00	500	160	4、6、10、16、20、25、32、35、40、50、63、80、100、125、160	500
NT0	660		6、10、16、20、25、32、35、40、50、63、80、100、125、160	120
NT1		250	80、100、125、160、200、224、250	660
NT2		400	125、160、200、224、250、300、315、355、400	50
NT3		630	315、355、400、425、500、630、800、1000	
NT4	380	1000	800、1000	100

表 C-7　　　　　　　　　　**NGT 型熔断器的主要技术参数**

型号	额定电压（V）	熔断体额定电流（A）	额定分断能力（kA）
NCT00	380、800	25、32、35、40、50、63、80、100、125	100
NGT1	380	100、125、160、200、250	
NGT2	660	200、250、280、315、355、400	
NGT3	1000	355、400、450、500、560、630	

附录 D 常用接触器主要技术参数

表 D-1   **CJ24 系列交流接触器的技术数据**

产品型号	额定绝缘电压 (V)	额定工作电压 (V)	约定发热电流 (A)	断续周期工作制下的额定工作电流 (A)			不间断工作制下的额定工作电流 (A)	额定操作循环数 (次/h)	电寿命 (AC-2) (10^4 次)	机械寿命 (10^4 次)	用途
				AC-1 AC-2 AC-3		AC-4					
				380V	660V	380V					
CJ24-100			100	100	63	40	120				适用于交流 50Hz（派生后可用于 60Hz），额定工作电压至 630A 的电力系统中，供轧钢机及起重机等电气设备作远距离频繁地接通、分断电路和供电动机起动、停止、反向及反接制动之用
CJ24-160			160	160	80	63	160	600	18	600	
CJ24-250			250	250	160	100	250				
CJ24-400	660	380 660	400	400	250	160	400	300	12	300	
CJ24-630			630	630	400	250	630				
CJ24Y-100			100	100	63	40	100				
CJ24Y-160			160	160	80	63	160	600	24	600	
CJ24Y-250			250	250	160	100	250				
CJ24Y-400			400	400	250	160	400	300	15	300	
CJ24Y-630			630	630	400	250	630				

表 D-2   **CJ20 系列交流接触器的主要技术参数**

型号	额定工作电压 (V)	额定工作电流 (A)	AC3 使用类别下的额定控制功率 (kW)	约定发热电流 (A)	结构特征	机电寿命（万次）操作频率 (次/h)
CJ20-10	220	10	2.2	10		
	380	10	4			
	660	5.8	7.5			
CJ20-16	220	16	4.5	16		1000/100 1200
	380	16	7.5			
	660	13	11			
CJ20-25	220	25	5.5	32	辅助触头 10A 2 常开 2 常闭	
	380	25	11			
	660	14.5	13			
CJ20-40	220	40	11	55		
	380	40	22			
	660	25	22			
CJ20-63	220	63	18	80		600/120 1200
	380	63	30			
	660	40	35			
CJ20-100	220	100	28	125		
	380	100	50			
	660	63	50			

型号	额定工作电压（V）	额定工作电流（A）	AC3 使用类别下的额定控制功率（kW）	约定发热电流（A）	结构特征	机电寿命（万次）操作频率（次/h）
CJ20-160	220	160	48	200	辅助触头 10A 2 常开 2 常闭	600/120 1200
	380	160	85			
	660	100	85			
CJ20-160/11	1140	80	85			
CJ20-250	220	250	80	315	辅助触头 16A 4 常开，2 常闭； 3 常开，3 常闭； 2 常开，4 常闭	300/600 600
	380	250	102			
CJ20-250/06	660	200	190			
CJ20-400	220	400	115	400		
	380	400	200			
CJ20-400/06	660	250	220			
CJ20-630	220	630	175	630		
	380	630	300			
CJ20-630/06	660	400	350			
CJ20-630/1	1140	400	400	400		200/12 120

附录 E 常用继电器主要技术参数

表 E-1   **JR20 系列热继电器主要技术参数**

型号	额定电流（A）	热元件号	整定电流调节范围（A）
JR20-10	10	1R～15R	0.1～11.6
JR20-16	16	1S～6S	3.6～18
JR20-25	25	1T～4T	7.8～29
JR20-63	63	1U～6U	16～71
JR20-160	160	1W～9W	33～176

表 E-2   **JS7-A 系列空气阻尼式时间继电器技术数据**

型号	线圈电压（V）	触头额定电压（V）	触头额定电流（A）	延时范围（s）	延时触头				瞬动触头	
					通电延时		断电延时		常开	常闭
					常开	常闭	常开	常闭		
JS7-1A	24，36 110，127 220，380 420	380	5	均有 0.4～ 60 和 0.4～180 两种产品	1	1				
JS7-2A					1	1			1	1
JS7-3A							1	1		
JS7-4A							1	1	1	1

注 表中型号 JS7 后面的 1A 表示通电延时，2A 表示通电延时并带瞬动触头，3A 表示断电延时，4A 表示断电延时并带瞬动触头。

表 E-3   **JZ7 系列中间继电器技术数据**

型号	触头额定电压（V）		触头额定电流（A）	触头数量		额定操作频率（次/h）	吸引线圈电压（V）		吸引线圈消耗功率（V）	
	直流	交流		常开	常闭		50Hz	60Hz	启动	吸持
JZ7-44	440	500	5	4	4	1200	12、24、36、48、110、127、220、380、420、440、500	12、36、110、127、220、380、440	75	12
JZ7-62	440	500	5	6	2	1200			75	12
JZ7-80	440	500	5	8	0	1200			75	12

表 E-4   **JY1 型和 JFZ0 型速度继电器的主要技术参数**

型号	触头容量		触头数量		额定工作转速（r/min）	允许操作频率（次/h）
	额定电压（V）	额定电流（A）	正转时动作	反转时动作		
JY1 JFZ0	380	2	1 组转换触头	1 组转换触头	100～3600 300～3600	＜30

附录 F　常用主令电器主要技术参数

表 F-1　　　　　　　　　　　　　　LA20 系列控制按钮技术数据

型号	触头数量		结构形式	按钮		指示灯	
	常开	常闭		钮数	颜色	电压（V）	功率（W）
LA20-11	1	1	揿钮式	1	红、绿、黄、蓝或白	—	—
LA20-11J	1	1	紧急式	1	红	—	—
LA20-11D	1	1	带灯揿钮式	1	红、绿、黄、蓝或白	6	<1
LA20-11DJ	1	1	带灯紧急式	1	红	6	<1
LA20-22	2	2	揿钮式	1	红、绿、黄、蓝或白	—	—
LA20-22J	2	2	紧急式	1	红	—	—
LA20-22D	2	2	带灯揿钮式	1	红、绿、黄、蓝或白	6	<1
LA20-22DJ	2	2	带灯紧急式	1	红	6	<1
LA20-2K	2	2	开启式	2	白红或绿红	—	—
LA20-3K	3	3	开启式	3	白、绿、红	—	—
LA20-2H	2	2	保护式	2	白红或绿红	—	—
LA20-3H	3	3	保护式	3	白、绿、红	—	—

表 F-2　　　　　　　　　　　　　　常用行程开关技术参数

型号	额定电压（V）	额定电流（A）	结构形式	触头对数		工作行程	超行程
				常开	常闭		
LXI9K	交流 380，直流 220	5	元件	1	1	3mm	1mm
LXI9-001	同上	5	无滚轮，仅用传动杆，能自复位	1	1	<4mm	>3mm
LXKI9-111	同上	5	单轮，滚轮装在传动杆内侧，能自动复位	1	1	～30°	～20°
LXI9-121	同上	5	单轮，滚轮装在传动杆外侧，能自动复位	1	1	～30°	～20°
LXI9-131	同上	5	单轮，滚轮装在传动杆凹槽内	1	1	～30°	～20°
LX19-212	同上	5	双轮，滚轮装在 U 形传动杆内侧，不能自动复位	1	1	～30°	～15°
LXI9-222	同上	5	双轮，滚轮装在 U 形传动杆外侧，不能自动复位	1	1	～30°	～15°
LXI9-232	同上	5	双轮，滚轮装在 U 形传动杆内外侧各一，不能自动复位	1	1	～30°	～15°
JLXK1-111	交流 500	5	单轮防护式	1	1	12°～15°	≤30°
JLXK1-211	同上	5	双轮防护式	1	1	～45°	≤45°
JLXK1-311	同上	5	直助防护式	1	1	1～3mm	2～4mm
JLXK1-411	同上	5	直轮滚动防式	1	1	1～3mm	2～4mm
JLXK1-511	同上	5	弹簧传动杆，万向式	1	1		

表 F-3 　　　　　　　　　　　　　LW5、LW6 系列万能转换开关主要技术数据

型号	额定电压(V)	额定电流(A)	双断点触头技术数据												操作频率(次/h)
			交流						直流						
			接通			分断			接通			分断			
			电压(V)	电流(A)	cosφ	电压(V)	电流(A)	cosφ	电压(V)	电流(A)	T(s)	电压(V)	电流(A)	T(s)	
LW5	交直流 500	15	24		0.3～0.4	24		0.3～0.4	24	20	0.06～0.066	24	20	0.06～0.066	120
			48			48			48	15		48	15		
			110	30		110	30		110	2.5		110	2.5		
			220	20		220	20		220	1.25		220	1.25		
			380	15		380	15		380			380			
			440			440			440	0.5		440	0.5		
			500	10		500	10		500	0.35		500	0.35		
LW6	交流 380, 直流 220	5	380	5	0.3～0.4	380	0.5	0.3～0.4	220	0.2	0.05～0.1	220	0.2	0.05～0.1	

附录 G　常用信号灯主要技术参数

型号	结构形式	额定电压（V）	灯头型号	外形及安装尺寸（mm）					
				d	ϕ_1	A	B	C	L
AD1-22/31 AD1-25/31 AD1-30/31	变压器降压式	110 220 380	XZ8-1W、E10/13	22 25 30	31 33 39	— — —	— — —	19.5 9.5 24.5	— — —
AD1-22/32 AD1-25/32 AD1-30/32				22 25 30	— — —	37 39 47	31 33 39	— — —	— — —
AD1-22/212 AD1-25/212 AD1-30/212		110	ND1-110 红、 NDL1-110 绿	22 25 30	33 33 39	— — —	— — —	19.5 9.5 24.5	55 55 57
		220	ND1 红						
		380	NDL1 绿						
AD1-22/222 AD1-25/222 AD1-30/222		110	ND1-110 红、 NDL1-110 绿	22 25 30	— — —	39 39 47	33 33 39	18 18 15	55.5 55.5 57.5
		220	ND1 红						
		380	NDL1 绿						

注　1. AD1 系列节能信号灯适用于交流 50Hz、额定工作电压至 380V 或直流额定工作电压至 220V 的电气线路中，作为指示信号、预告信号、事故信号及其他信号灯使用。

　　2. 工作条件：环境温度为－20～55℃；相对湿度≤50%（40℃）或≤90%（25℃）；海拔≤2000m。

　　3. 生产单位为上海立新电器厂、沈阳市信号电器厂、天津第四电器开关厂、常熟开关制造有限公司、南通信达电器。

附录 H 常用电流表、电压表主要技术参数

型号	名称	量限	准确度（%）	接入方式	用途
42L9-A	交流电流表	0.5、1、2、3、5、15、20、30、50A	±1.5	直接接入	适于固定安装在控制盘、控制屏、开关板及电气设备面板上，用来测量交流电路中的电流与电压
		5、10、15、20、30、50、75、100、150、200、300、400、500、600、750A		经电流互感器接入，二次电流5A	
		1、1.5、2、3、4、5、6、7、5、10kA			
42L9-V	交流电压表	15、30、50、75、100、150、250、300、450、500、600V	±1.5	直接接入	
		3、7.5、12、15、150、300、450kV		经电压互感器接入，二次电压100V	
42L20-A	交流电流表	0.5、1、2、3、5、10、15、30A	±1.5	直接接入	
		5、10、15、30、50、75、100、150、300、450、500、750A、1、2、3、5、7.5、10kA		配用电流互感器，二次电流5A	
42L20-V	交流电压表	30、50、75、100、150、250、300、500、600V	±1.5	直接接入	
		3.6、7.2、12、18、42、72、150、300、450kV		配用电压互感器，二次电压100V	
44L1-A	交流电流表	0.5、1、2、3、5、10、20A	±1.5	直接接入	
		5、10、15、20、30、50、75、100、150、200、300、400、600、750A		经电流互感器，二次电流5A	
		1.5、2、3、4、5、6、7.5、10kA			
44L1-V	交流电压表	3、5、7.5、10、15、20、30、50、75、100、150、250、300、450、500、600V	±1.5	直接接通	适于固定安装在控制盘、控制屏、开关板及电气设备的板上，用来测量交直流电路中的电流与电压
		1、3、6、10、15、35、60、100、220、380kV		经电压互感器接通，二次电压100V	
44L13-A	交流电流表	0.5、1、2、5、5、10A	±1.5	直接接入	
		15、20、30、50、75、100、150、200、300、450、600、750A			
		1、1.5A		经电流互感器	

续表

型号	名称	量限	准确度（％）	接入方式	用途
44L13-V	交流电压表	10、15、30、50、75、100、150、250、300、450V	±1.5	直接接入	
		450、600、750V		经电压互感器	
		1、1.5kV			
16C14-A	直流电流表	50、100、150、200、300、500μA ±25、±50、±100、±150、±250、±300、±500μA 1、2、3、5、10、15、20、30、40、50、75、100、150、200、300、500mA 1、2、3、5、7.5、10A	±1.5	直接接通	适于固定安装在控制盘、控制屏、开关板及电气设备图板上、用来测量直流电路中的电流与电压
16C14-V	直流电压表	15、20、30、40、50、75、100、150、200、300、500、750V 1、2、3、5、7.5、10kV	±1.5	外测 FLZ 型分流器	

附录Ⅰ 电流互感器、电压互感器技术参数

型号	额定电压（kV）	额定一次电流（A）	额定二次电流（A）	级别	额定负载（Ω）
LMZ1-0.5 LMK1-0.5	0.5	5，10，15，30，50，75，150	5	0.51	0.2 0.2
		20，40，100，200			
		300，400			
DMZJ1-0.5 DMKJ1-0.5	0.5	5，10，15，30，50，75，150，300	5	0.5 1	0.4 0.6
		20，40，200，400			
LMZB1-0.5	0.5	5，10，15，30，75，100，150，300	5	0.5 1 3	0.4 0.6 1
		20，40，200，400			
LA-10	10	5～200	5	0.5 1 3	0.4 0.4 0.6
		300，400			
LAJ-10	10	20～200	5	0.5 1 D	1 1 2.4
		300			
		400			
LDZ1-10	10	300，400，500	5	0.5 1 3	0.4 0.6 0.6
LDZ1-10	10	300，400，500	5	0.5 1 D	0.8 1.2 1.2

附录 J　XK3190-A9 型称重仪表串口通信协议及参数设定

XK3190-A9 型称重仪表具有 RS232 串行通信接口，可与计算机进行通信。通信接口采用 15 芯插头座，使用引脚是 6、7、8 脚。其中 6 号引脚为 RXD 端，7 号引脚为 TXD 端，8 号引脚为信号地。通信接口采用 RS232C 协议，所有数据均为 ASCII 码，每组数据有 10 位组成，第 1 位为起始位，第 10 位为停止位，中间 8 位为数据位，无奇偶校验位。

1. 通信方式

（1）连续方式。所传送的数据为仪表显示的当前质量（毛重或净重）。每帧数据由 12 组数据组成，数据格式见表 J-1。

表 J-1　　　　　　　　　　　连续方式数据格式

第＊字节	内容	注解	第＊字节	内容	注解
1	02（X0N）	开始	7	称重数据	：
2	＋或-	符号位	8	称重数据	低位
3	称重数据	高位	9	小数点位数	从左到右（0～4）
4	称重数据	：	10	异或校验	高四位
5	称重数据	：	11	异或校验	低四位
6	称重数据	：	12	03（XOFF）	结束

注　异或校验是对第 2～9 个字节做异或运算。

（2）指令方式。仪表按上位机所发送的指令，输出相应的数据，上位机每发一次指令，仪表就相应地输出一帧数据。

上位机发送数据格式见表 J-2。

称重仪表返回数据格式见表 J-3。

表 J-2　　　上位机发送数据格式

字节	内容	注解
1	02（X0N）	开始
2	A～Z	地址编号（1～26）
3	A～D	命令 A：握手 命令 B：读毛重 命令 C：读皮重 命令 D：读净重
4	异或校验	高四位
5	异或校验	低四位
6	03（XOFF）	结束

注　异或校验是对第 2 和第 3 个字节做异或运算。

表 J-3　　　称重仪表返回数据格式

字节	内容	注解
1	02（X0N）	开始
2	A～Z	地址编号（1～26）
3	A～D	命令 A：握手 命令 B：送毛重 命令 C：送皮重 命令 D：送净重
4	按命令内容输出相应数据	
：	⋮	⋮
$n-1$	按命令内容输出相应数据	
n	按命令内容输出相应数据	
$n+1$	异或校验	高四位
$n+2$	异或校验	低四位
$n+3$	03（XOFF）	结束

注　异或校验是对第 2 和第 n 个字节做异或运算。

仪表输出时，第 4 至第 n 个字节的内容见表 J-4。

表 J-4   称重仪表返回的第 4 至第 n 个字节内容

命令	内容	说明
命令 A	无数据	每帧有 6 组数据组成
命令 B	为毛重，格式为： a：符号（＋或－） b：毛重值（6 位） ⋮ h：小数点从右到左（0～4）	每帧有 14 组数据组成
命令 C	为皮重，格式为： a：符号（＋或－） b：皮重值（6 位） ⋮ h：小数点从右到左（0～4）	每帧有 14 组数据组成
命令 D	为净重，格式为： a：符号（＋或－） b：净重值（6 位） ⋮ h：小数点从右到左（0～4）	每帧有 14 组数据组成

2. 仪表通信参数的设置

通信参数由通信地址、波特率、通信方式三部分参数组成。参数的设置如下：

（1）首先正确连接传感器，使仪表进入正常工作状态。

（2）把仪表背面的标定开关拨到标定状态。

（3）按照表 J-5 中的操作步骤进行设置（请注意说明内容，不要随意更改其他参数的设置）。

表 J-5   称重仪表通信参数设置步骤

步骤	操作	显示	注解
1	按【标定】		
2	按【输入】	【E ＊＊】	非通信参数、不要改变，按【输入】进入下一步
3	按【输入】	【dc ＊】	非通信参数、不要改变，按【输入】进入下一步
4	按【输入】	【Pon ＊＊】	非通信参数、不要改变，按【输入】进入下一步
5	按【输入】	【F ＊＊＊＊＊】	非通信参数、不要改变，按【输入】进入下一步
6	按【输入】 按【输入】 按【输入】	【H ＊＊＊＊＊】 【L ＊＊＊＊＊】 【td＊＊＊＊＊】	非通信参数、不要改变，按【输入】进入下一步
7	按【1】 按【输入】	【ADr ＊＊】 【ADr 01】	通信地址（1～26），如输入 1，表示该仪表地址为 1
8	按【2】 按【输入】	【bt ＊＊】 【bt 2】	波特率设定（0～4），分别表示波特率为 600、1200、4800、9600，如输入 2，表示波特率设定为 4800
9	按【1】 按【输入】	【tF ＊＊】 【tF 1】	串行通信方式： 0—连续发送方式，不接收；1—指令应答方式。如输入 1，表示根据上位机的指令进行输出。
10		称重状态	通信参数设定完毕

附录 K　七段数码管引脚说明与工作原理

常用的七段数码管内部结构与引脚图如图 K-1 所示。与发光二极管的阳极连在一起的为共阳极数码管，阴极连在一起的为共阴极数码管。每位数码管有 8 个发光二极管构成，其中 7 个二极管 a～g 控制七个笔画的亮或暗，另一个控制小数点 dp 的亮或暗。

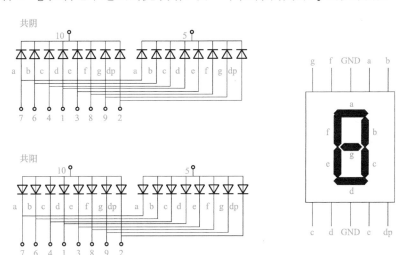

图 K-1　数码管内部结构与引脚图

附录 L　74LS247 引脚说明与工作原理

1. 引脚说明

74LS247 引脚图如图 L-1 所示，其引脚功能如下。

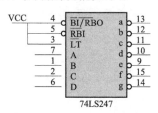

图 L-1　74LS247 引脚图

（1）$\overline{\text{LT}}$：试灯输入，是为了检查数码管各段是否能正常发光而设置的。当 $\overline{\text{LT}}=0$ 时，无论输入 DCBA 为何种状态，译码器输出均为低电平，若驱动的数码管正常，则显示 8。

（2）$\overline{\text{BI}}$：灭灯输入，是为控制多位数码显示的灭灯所设置的。$\overline{\text{BI}}=0$ 时。不论 $\overline{\text{LT}}$ 和输入 DCBA 为何种状态，译码器输出均为高电平，使共阳极数码管熄灭。

（3）$\overline{\text{RBI}}$：灭零输入，它是为使不希望显示的 0 熄灭而设定的。当 DCBA 为 0000 时，本应显示 0，但是在 $\overline{\text{RBI}}=0$ 作用下，译码器输出全为高电平。其结果和加入灭灯信号的结果一样，将 0 熄灭。

（4）$\overline{\text{RBO}}$：灭零输出，它和灭灯输入 $\overline{\text{BI}}$ 共用一端，两者配合使用，可以实现多位数码显示的灭零控制。

2. 工作原理

译码为编码的逆过程，它将编码时赋予代码的含义"翻译"过来。实现译码功能的电路称为译码器。译码器输出与输入代码有唯一的对应关系。74LS247 是输出低电平有效的七段字形译码器，它需要与共阳极数码管配合使用。74LS247 功能表见表 L-1。

表 L-1　　　　　　　　　　　　　　　74LS247 功能表

$\overline{\text{LT}}$	$\overline{\text{RBI}}$	$\overline{\text{BI}}/\overline{\text{RBO}}$	DCBA	abcdefg	说明
0	×	1	××××	0000000	试灯
×	×	0	××××	1111111	熄灭
1	0	0	0000	1111111	灭零
1	1	1	0000	0000001	显示 0
1	×	1	0001	1001111	显示 1
1	×	1	0010	0010010	显示 2
1	×	1	0011	0000110	显示 3
1	×	1	0100	1001100	显示 4
1	×	1	0101	0100100	显示 5
1	×	1	0110	1100000	显示 6
1	×	1	0111	0001111	显示 7
1	×	1	1000	0000000	显示 8
1	×	1	1001	0001100	显示 9

附录 M　74HC373 芯片引脚功能说明

　　74HC373 是三态输出的 8 位 D 锁存器，输出端 Q0～Q7 可直接与总线相连。当三态允许控制端 OE 为低电平时，Q0～Q7 为正常逻辑状态，可用来驱动负载或总线。74HC373 内部结构图如图 M-1 所示，内部利用 8 个 D 触发器实现了 8 路信号的锁存功能。

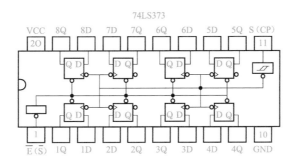

图 M-1　74HC373 内部结构图

　　74HC373 的真值表见表 M-1。H 代表高电平，L 代表低电平，X 代表不定态，Q^0 代表建立稳态前 Q 的电平。

　　74HC373 外部引脚排列如图 M-2 所示。D0～D7：数据输入端；OE：三态允许控制端（低电平有效）；LE：锁存允许端；Q0～Q7：数据输出端。

表 M-1　　74HC373 真值表

D_n	LE	OE	O_n
H	H	L	H
L	H	L	L
X	L	L	Q^0
X	X	H	Z*

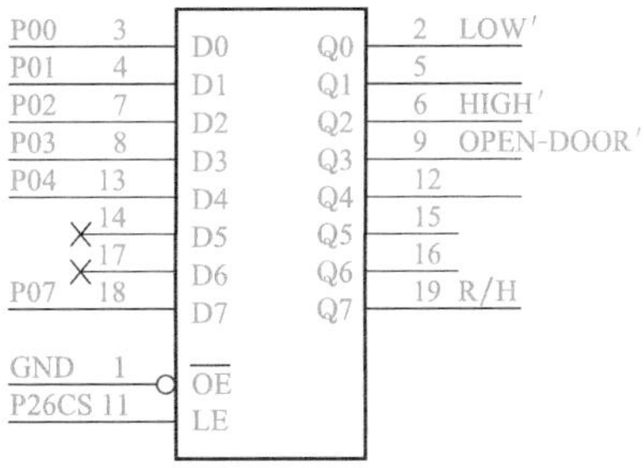

图 M-2　74HC373 引脚排列

附录 N   ICL7650 引脚说明与工作原理

ICL7650 采用 14 脚双列直插式和 8 脚金属壳两种封装形式，最常用的 14 脚双列直插式封装形式如图 N-1 所示，各引脚的功能说明如下：

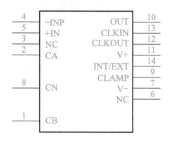

图 N-1   ICL7650 引脚图

CB：外接电容 B。

CA：外接电容 A。

−IN：反相输入端。

+IN：同相输入端。

V−：负电源端。

CN：CA 和 CB 的公共端。

CLAMP：箝位端。

OUT：输出端。

V+：正电源端。

CLKOUT：时钟输出端。

CLKIN：时钟输入端。

INT/EXT：时钟控制端，可通过该端选择使用内部时钟或外部时钟。当选择外部时钟时，该端接负电源端（V−），并在时钟输入端（CLKIN）引入外部时钟信号。当该端开路或接 V+时，电路将使用内部时钟去控制其他部分工作。

ICL7650 利用动态校零技术，消除了 CMOS 器件固有的失调和零点漂移，从而摆脱了传统斩波稳零电路的束缚，克服了传统斩波稳零放大器的这些缺点。

ICL7650 的工作原理图如图 N-2 所示。图中，MAIN 是主放大器（CMOS 运算放大器），NULL 是调零放大器（CMOS 高增益运算放大器）。电路通过电子开关的转换来进行两个阶段工作，第一是在内部时钟（OSC）的上半周期，电子开关 A 和 B 导通，和 C 断开，电路处于误差检测和寄存阶段；第二是在内部时钟的下半周期，电子开关和 C 导通，A 和 B 断开，电路处于动态校零和放大阶段。

由于 ICL7650 中的 NULL 运算放大器的增益 A0N 一般设计在 100dB 左右，因此，即使主运放 MAIN 的失调电压 VOSN 达到 100mV，整个电路的失调电压也仅为 $1\mu V$。由于以上两个阶段不断交替进行，电容 CN 和 CM 将各自所寄存的上一阶段结果送入运放 MAIN、NULL 的调零端，这使得电路几乎不存在失调和漂移，可见 ICL7650 是一种高增益、高共模抑制比的运算放大器。

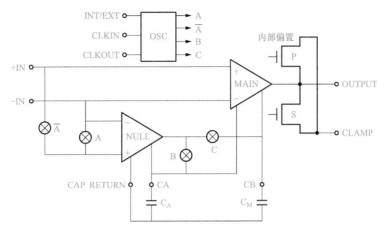

图 N-2　ICL7650 工作原理图

附录 O　ICL7135 引脚说明与工作原理

　　ICL7135 是双斜积分式 4 位半单片 A/D 转换器，BCD 码格式输出，具有精度高、抗干扰能力强的特点。ICL7135 采用 28 脚 DIP 封装，其引脚功能如图 O-1 所示。

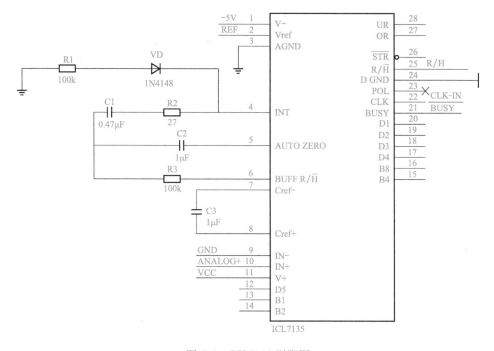

图 O-1　ICL7135 引脚图

　　1（V−）：−5V 电源端；

　　2（Vref）：基准电压输入端；

　　3（AGND）：模拟地；

　　4（INT）：积分器输入端，接积分电容；

　　5（AZ）：积分器和比较器反相输入端，接自零电容；

　　6（BUF）：缓冲器输出端，接积分电阻；

　　7（Cref−）：基准电容负端；

　　8（Cref＋）：基准电容正端；

　　9（IN−）：被测信号负输入端；

　　10（IN＋）：被测信号正输入端；

　　11（V＋）：＋5V 电源端；

　　12、17～20（D1～D5）：位扫描输出端；

　　13～16（B1～B4）：BCD 码输出端；

　　21（BUSY）：忙状态输出端；

　　22（CLK）：时钟信号输入端；

23（POL）：负极性信号输出端；

24（DGND）数字地端；

25（R/H）运行/读数控制端；

26（$\overline{\text{STR}}$）数据选通输出端；

27（OR）超量程状态输出端；

28（UR）欠量程状态输出端。

ICL7135 串行输出时序如图 O-2 所示。ICL7135 的 A/D 转换周期为 40002 个时钟周期，分为 4 个阶段：自动调零阶段、被测电压积分阶段、基准电压反积分阶段、积分器回零阶段。

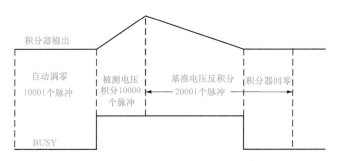

图 O-2　ICL7135 串行输出时序

各阶段工作过程如下：

（1）自动调零阶段。内部 IN＋和 IN－输入与引脚断开，且在内部连接至 AGND。基准电容充电至基准电压，系统接成闭环，自动调零电容充电，以补偿缓冲放大器、积分器和比较器的失调电压。

（2）被测电压积分阶段，BUSY 输出变为高电平，自动调零环路打开，内部的 IN＋和 IN－输出端连接至外部引脚，积分器电容充电电压正比于外接信号电压和积分时间。

（3）基准电压反积分阶段：内部 IN－连接至 AGND，IN＋跨接至先前已充电的基准电容上，积分器对基准电压积分。当积分器输出返回至零，BUSY 信号变低。ICL7135 内部的十进制计数器在此阶段对时钟脉冲计数，其计数值为 $10000 \sim V_{\text{in}}/V_{\text{Ref}}$，即为被测电压的 A/D 转换结果。

（4）积分器回零阶段：内部的 IN－连接到 AGND，系统接成闭环，以便使积分器输出返回到零。

附录 P FP0 系列 PLC 性能指标

表 P-1   **FP0 系列 PLC 总规格**

项目		说明
额定操作电压		24V（DC）
操作电压范围		21.6～26.4V（DC）
额定电流损耗		不大于 300mA
允许瞬时掉电时间	C10R/C14R	21.6V 时 5ms，24V 时 10ms
	C16T/C16P/C32T/C32P	21.6V 时 10ms，24V 时 10ms
环境温度		0℃～55℃
存储温度		−20℃～70℃
击穿电压		在外部直流端子与地之间承受 500V（AC）1min（继电器输出型和晶体管输出型）；在外部直流端子与地之间承受 1500V（AC）1min（仅限继电器输出型）
绝缘电阻		最小 100MΩ

表 P-2   **FP0 系列 PLC 控制单元规格**

系列	程序容量（K 步）	I/O 点	连接方法	操作电压（V）	输入类型	输出类型	部件号
FP0-C10	2.7	10：6（IN），4（OUT）	端子型	24（DC）	24VDC Sink/Source	继电器	FP0-C10RS
FP0-C14	2.7	14：8（IN），6（OUT）	端子型	24（DC）	24VDC Sink/Source	继电器	FP0-C14RS
FP0-C16	2.7	16：8（IN），8（OUT）	MIL 连接器型	24（DC）	24VDC Sink/Source	晶体管（PNP 型）	FP0-C16P
			MIL 连接器型	24（DC）	24VDC Sink/Source	晶体管（NPN 型）	FP0-C16T
FP0-C32	5	32：16（IN），16（OUT）	MIL 连接器型	24（DC）	24VDC Sink/Source	晶体管（PNP 型）	FP0-C32P
			MIL 连接器型	24（DC）	24VDC Sink/Source	晶体管（NPN 型）	FP0-C32T

表 P-3   **FP0 系列 PLC 扩展单元规格**

系列	I/O 点	连接方法	操作电压（V）	输入类型	输出类型	部件号
FP0-E8	8：4（IN），4（OUT）	端子型	24（DC）	24VDC Sink/Source	继电器	FP0-E8RS
FP0-E16	16：8（IN）8（OUT）OUT：8	端子型	24（DC）	24VDC Sink/Source	继电器	FP0-E16RS
		MIL 连接器型	—	24VDC Sink/Source	晶体管（PNP 型）	FP0-E16P
		MIL 连接器型	—	24VDC Sink/Source	晶体管（NPN 型）	FP0-E16T

续表

系列	I/O点	连接方法	操作电压（V）	输入类型	输出类型	部件号
FP0-E32	32：16（IN），16（OUT）	MIL连接器型	24DC	24VDC Sink/Source	晶体管（PNP型）	FP0-E32P
		MIL连接器型	24DC	24VDC Sink/Source	晶体管（NPN型）	FP0-E32T

表 P-4　　　　　　　　　　FP0 系列 PLC 每单元消耗电流

	型号	每单元消耗电流		型号	每单元消耗电流
控制单元	C10R/C14R	≤100mA	扩展单元	E8R/E16R	≤20mA
	C16T/C16P	≤40mA		E16T/E16P	≤250mA
	C32T/C32P	≤60mA		E32T/E32P	≤40mA

表 P-5　　　　　　　　　　FP0 系列 PLC 继电器型输入规范

项目	说明	项目	说明
绝缘方法	光耦合器件	最大输入电流（mA）	≤4.8
额定输入电压（V）	24（DC）	导通电压和导通电流	≤19.2V，≤3mA
额定输入电流（mA）	约4.3（在24V DC）	关断电压和关断电流	≥2.4V，≥1mA
输入阻抗（kΩ）	约5.6	通断响应时间（ms）	≤2
额定电压范围（V）	21.6～26.4（DC）		

注　这里针对的是 FP0-C10R/C14R/E8R/E16R 型 PLC。

表 P-6　　　　　　　　　　FP0 系列 PLC 继电器型输出规范

项目		说明
输出类型		常开，继电器输出
额定电压		2A、250V（AC）、2A、30V（DC）（每个公共端最大电流为4.5A）
响应时间（ms）	断→通	约10
	通→断	约8
机械寿命时间（次）		≥20,000,000
电气寿命时间（次）		≥100,000

注　这里针对的是 FP0-C10R/C14R/E8R/E16R 型 PLC。

表 P-7　　　　　　　　　　FP0 系列 PLC 晶体管型输入规范

项目	说明
绝缘方法	光耦合器件
额定输入电压（V）	24（DC）
额定输入电流（mA）	约4.3（在24V DC）
输入阻抗（kΩ）	约5.6
额定电压范围（V）	21.6～26.4（DC）
最大输入电流（mA）	≤4.8
导通电压和导通电流	≤19.2V，≤3mA
关断电压和关断电流	≥2.4V，≥1mA
通断响应时间（ms）	≤2

注　这里针对的是 FP0-C16T/C16P/C32T/C32P/E16T/E16P/E32T/E32P 型 PLC。

表 P-8   **FP0 系列 PLC 晶体管型输出规范**

项目	说明	项目		说明
输出类型	集电极开路	关断状态漏电流（μA）		≤100
额定负载电压（V）	5～24（DC）	导通状态电压降（V）		≤1.5
操作负载电压范围（V）	4.75～26.4（DC）	响应时间（ms）	断→通	≤1ms
最大负载电流（A/点）	0.1（每个公共端最大 1A）		通→断	≤1ms
最大浪涌电流（A）	0.3			

注 这里针对的是 FP0-C16T/C16P/C32T/C32P/E16T/E16P/E32T/E32P 型 PLC。

附录 Q　德力西通用开关电源性能指标与造型

表 Q-1　　　　　　　　　　　通用开关电源技术参数

参数	参数说明
型号	SA/DA/TA/QA
输入电压（V）	170～264（AC）
输入频率（Hz）	47～63
输出电压微调范围（%）	±10（对于主输出电路）
过电压保护（%）	115～135（对于主输出电路）
过载保护（%）	105～160

表 Q-2　　　　　　　　　　　通用开关电源外形尺寸

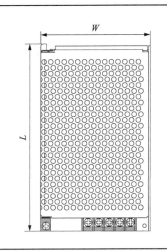 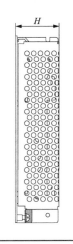

规格型号	外形尺寸（mm）		
	W	L	H
SA-15-24	97	99	36
SA-25-24	97	99	36
SA-35-24	98	129	38
SA-40-24	98	129	38
SA-50-24	97	159	38
SA-60-24	97	159	38
SA-100-24	98	199	50

表 Q-3　　　　　　　　　　　通用开关电源选型指南

规格型号	额定输出电压（V）	额定输出功率（W）
SA-15-24	24	15
SA-25-24	24	25
SA-35-24	24	35
SA-40-24	24	40
SA-50-24	24	50
SA-60-24	24	60
SA-100-24	24	100

附录 R JF5 系列接线端子及线槽选型指南

表 R-1　　　　　　　　　　**JF-□/1 接线端子选型指南**

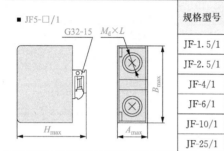

■ JF5-□/1

规格型号	额定电压（V）	额定电流（A）	接点对数	接线螺钉 $M_d \times L$ (mm×mm)	外形尺寸（mm）		
					H_{max}	A_{max}	B_{max}
JF-1.5/1	660	17.5	1	3×7	39	18.5	30
JF-2.5/1	660	24	1	4×8	41	10.5	45
JF-4/1	660	30	1	4×8	35	12.5	40
JF-6/1	660	41	1	5×10	42	15	45
JF-10/1	660	57	1	6×12	49	17	50
JF-25/1	660	100	1	8×14	54	25	60

表 R-2　　　　　　　　　　**JF-□/5 接线端子选型指南**

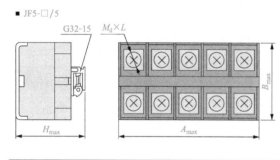

■ JF5-□/5

规格型号	额定电压（V）	额定电流（A）	接点对数	接线螺钉 $M_d \times L$ (mm×mm)	外形尺寸（mm）		
					H_{max}	A_{max}	B_{max}
JF-1.5/5	660	17.5	5	3×7	31	46.5	31
JF-2.5/5	660	24	5	4×8	32	59	35
JF-4/4	660	30	5	4×8	32	67	41
JF-6/5	660	41	5	5×10	43	80	45
JF-10/5	660	57	5	6×12	50	92	50
JF-25/5	660	100	5	8×14	50	114	60

表 R-3　　　　　　　　　　**线槽选型指南**

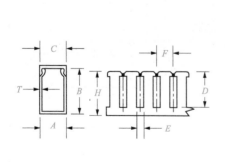

型号	槽内允许14AWG导线根数	外形尺寸（mm）			
		A	B	C	E
VDR1616	4～8	16	16	16	8
VDR2020	5～12	20	20	20	8
VDR1525	5～12	15	25	15	8
VDR2025	5～12	20	25	20	8
VDR2525	10～25	25	25	25	8
VDR2530	15～25	25	30	25	8
VDR3030	15～25	30	30	30	8
VDR2233	15～25	22	33	22	8
VDR3333	25～45	33	33	33	8
VDR3535	40～45	35	35	35	8
VDR2540	20～25	25	40	25	8
VDR4040	60～70	40	40	40	8
VDR6040	100～115	60	40	60	8
VDR8040	120～135	80	40	80	8

参 考 文 献

［1］　赵家宏. 建筑电气控制. 重庆：重庆大学出版社，2002.

［2］　张运波. 工厂电气控制技术. 北京：高等教育出版社，2001.

［3］　马志溪. 电气工程设计. 北京：机械工业出版社，2002.

［4］　刘增良，刘国亭. 电气工程 CAD. 北京：中国水利水电出版社，2002.

［5］　齐占庆，王振臣. 电气控制技术. 北京：机械工业出版社，2002.

［6］　史国生. 电气控制与可编程控制器技术. 北京：化学工业出版社，2003.

［7］　龚运新，方立友. 工业组态软件实用技术. 北京：清华大学出版社，2005.

［8］　张运刚，宋小春，郭武强. 从入门到精通——工业组态技术与应用. 北京：人民邮电出版社，2008.

［9］　张文明，刘志军. 组态软件控制技术. 北京：北京交通大学出版社，2006.

［10］　袁秀英. 组态控制技术. 北京：电子工业出版社，2003.

［11］　薛迎成. 工控机及组态控制技术原理与应用. 北京：中国电力出版社，2007.

［12］　肖洪兵. 跟我学用单片机. 北京：北京航空航天大学出版社，2002.

［13］　何立民. 单片机高级教程. 北京：北京航空航天大学出版社，2001.

［14］　赵晓安. MCS-51 单片机原理及应用. 天津：天津大学出版社，2001.

［15］　邹益仁，等. 现场总线控制系统的设计和开发. 北京：国防工业出版社，2003.

［16］　陈在平，等. 可编程序控制器技术与应用系统设计. 北京：机械工业出版社，2002.